游戏动漫开发系列

三维角色设计与制作

谌宝业 史春霞 张敬 编著

清华大学出版社
北京

内 容 简 介

《三维角色设计与制作》一书全面讲述了三维场景的相关制作方法和技巧，比如，普通的网络游戏的低精度模型、次世代游戏高精度模型的制作，概括性地介绍了游戏制作过程中，次世代游戏场景模型制作的基本流程和规范，着重分析了游戏场景、道具、角色的制作规律，特别是对目前比较流行的次世代游戏的制作技术，包括3ds Max结合ZBrush的雕刻高模，以及法线贴图的制作过程，均作了详细的讲解。

本书还介绍了第三方插件技术及其与3ds Max软件结合使用。通过列举实例，引导读者加强对游戏模型设计和制作的理解。读者将通过本书了解和掌握大量游戏模型制作的理论及实践能力，能够胜任游戏3D场景设计和制作的相关岗位。

本书可作为大中专院校艺术类专业和相关专业培训班学员的教材，也可作为游戏美术工作者的资料参考用书。

特别说明：本书中使用的图片素材仅供教学之用。

图书在版编目（CIP）数据

三维角色设计与制作/谌宝业，史春霞，张敬编著. —北京：清华大学出版社，2018（2024.2重印）
（游戏动漫开发系列）
ISBN 978-7-302-48381-6

Ⅰ.①游… Ⅱ.①谌…②史…③张… Ⅲ.①三维动画软件 Ⅳ.①TP391.414

中国版本图书馆CIP数据核字（2017）第219915号

责任编辑：张彦青
封面设计：谌建业
责任校对：周剑云
责任印制：丛怀宇

出版发行：清华大学出版社
　　　　网　　址：https://www.tup.com.cn，https://www.wqxuetang.com
　　　　地　　址：北京清华大学学研大厦A座　　邮　　编：100084
　　　　社 总 机：010-83470000　　　　　　邮　　购：010-62786544
　　　　投稿与读者服务：010-62776969，c-service@tup.tsinghua.edu.cn
　　　　质量反馈：010-62772015，zhiliang@tup.tsinghua.edu.cn
印 装 者：涿州汇美亿浓印刷有限公司
经　　销：全国新华书店
开　　本：190mm×260mm　　印　　张：20　　字　　数：479千字
版　　次：2018年1月第1版　　印　　次：2024年2月第9次印刷
定　　价：89.00元

产品编号：071197-01

游戏动漫开发系列
编委会

P丛书序
PREFACE

　　动漫游戏产业作为文化艺术及娱乐产业的重要组成部分，具有广泛的影响力和潜在的发展力。

　　动漫游戏行业是非常具有潜力的朝阳产业，科技含量比较高，同时也是当代精神文明建设中一项重要的内容，在国内外都有很高的重视。

　　进入21世纪，我国政府开始大力扶持动漫和游戏行业的发展，"动漫"这一含糊的俗称也成了流行术语。从2004年起至今，国家广电总局批准的国家级动画产业基地、教学基地、数字娱乐产业园已达30多个；有近500所高等院校开设了数字媒体、数字艺术设计、平面设计、工程环艺设计、影视动画、游戏程序开发、游戏美术设计、交互多媒体、新媒体艺术与设计和信息艺术设计等专业；2015年，国家新闻出版广电总局批准了北京、成都、广州、上海、长沙等16个"国家级游戏动漫产业发展基地"。根据《国家动漫游戏产业振兴计划（草案）》，今后我国还要建设一批国家级动漫游戏产业振兴基地和产业园区，孵化一批国际一流的民族动漫游戏企业；支持建设若干教育培训基地，培养、选拔和表彰民族动漫游戏产业紧缺人才；完善文化经济政策，引导激励优秀动漫和电子游戏产品的创作；建设若干国家数字艺术开放实验室，支持动漫游戏产业核心技术和通用技术的开发，支持发展外向型动漫游戏产业，争取在国际动漫游戏市场占有一席之地。

　　从深层次来讲，包括动漫游戏在内的数字娱乐产业的发展是一个文化继承和不断创新的过程。中华民族深厚的文化底蕴不但为中国发展数字娱乐及创意产业奠定了坚实的基础，而且提供了广泛、丰富的题材。尽管如此，从整体看，中国动漫动漫游戏及创意产业仍然面临着诸如专业人才短缺、融资渠道狭窄、缺乏原创开发能力等一系列问题。长期以来，美国、日本、韩国等国家的动漫游戏产品占据着中国原创市场。一个意味深长的现象是美国、日本和韩国的一部分动漫和游戏作品内容取材于中国文化，加工于中国内地。

　　针对这种情况，目前各大院校相继开设或即将开设动漫和游戏的相关专业。然而真正与这些专业相配套的教材却很少。北京动漫游戏行业协会应各大院校的要求，在科学的市场调查的基础上，根据动漫和游戏企业的用人需求，针对高校的教育模式以及学生的学习特点，推出了这套动漫游戏系列教材。本丛书凝聚了国内诸多知名动漫游戏人士的智慧。

　　整套教材的特点如下：

　　（1）本套教材邀请国内多所知名学校的骨干教师组成编审委员会，搜集整理全国近百家院校的课程设置，从中挑选动、漫、游范围内公共课和骨干课程作为参照。

　　（2）教材中部分实际制作的部分选用了行业中比较成功的实例，由学校教师和业内高手共同完成，以提高学生在实际工作中的能力。

　　（3）本系列教材案例编写人员都是来自各个知名游戏、影视企业的技术精英骨干，拥有大量的项目实际研发成果，对一些深层的技术难点有着比较精辟的分析和技术解析。

前言 FOREWORD

写实三维角色制作是从传统绘画艺术衍变而来，是伴随着电脑游戏不断发展而日益成熟的一种现代流行画种，与传统绘画风格相比，写实风格游戏原画的画风更加自由，画面可以潇洒素雅，也可以浪漫华丽。在游戏原画师们的不断努力和总结下，写实风格游戏原画的商业元素设计更加成熟，优秀作品也层出不穷，形成了一种新兴的时尚流行文化，受到了上千万玩家的喜爱。

可以说，游戏新文化的产生，源于新兴数字媒体的迅猛发展。这些新兴媒体的出现，为新兴流行艺术提供了新的工具和手段、材料和载体、形式和内容，带来了新的观念和思维。

进入21世纪，在不断创造经济增长点和广泛社会效益的同时，动漫游戏已经流传为一种新的理念，包含了新的美学价值、新的生活观念，表现在人们的思维方式上，它的核心价值是给人们带来欢乐和放松，它的无穷魅力在于天马行空的想象力。动漫精神、动漫游戏产业、动漫游戏教育构成了富有中国特色的动漫创意文化。

然而与动漫游戏产业发达的欧美、日韩等地区和国家相比，我国的动漫游戏产业仍处于一个文化继承和不断尝试的过程中。写实风格游戏原画作为动漫游戏产品的重要组成部分，其原创力是一切产品开发的基础。尽管中华民族深厚的文化底蕴为中国发展数字娱乐及动漫游戏等创意产业奠定了坚实的基础，并提供了丰富的艺术题材，但从整体看，中国动漫游戏及创意产业面临着诸如专业人才缺乏、原创开发能力欠缺等一系列问题。

一个产业从成型到成熟，人才是发展的根本。面对国家文化创意产业发展的需求，只有培养和选拔符合新时代的文化创意产业人才，才能不断地提高在国际动漫游戏市场的影响力和占有率。针对这种情况，目前全国超过300所高等院校新开设了数字媒体、数字艺术设计、平面设计、工程环艺设计、影视动画、游戏程序开发、游戏美术设计、交互多媒体、新媒体艺术与设计和信息艺术设计等专业，本套教材就是针对动漫游戏产业人才需求和全国相关院校动漫游戏教学的课程教材基本要求，由清华大学出版社携手长沙浩捷网络科技有限公司共同开发的一套动漫游戏技能教育的标准教材。

本书由谌宝业、史春霞、张敬编著。参与本书编写的还有陈涛、冯鉴、谷炽辉、雷雨、李银兴、刘若海、尹志强、涂杰、王智勇、伍建平、朱毅等。在编写过程中，我们尽可能地将最好的讲解呈现给读者，若有疏漏之处，敬请不吝指正。

C目 录
ONTENTS

第 1 章 三维角色制作——概述

章节描述

　　本章概述性地介绍了三维角色模型制作技术，重点介绍了影视模型、三维游戏低模、卡通模型等制作技巧及规范流程，分析了三维角色在影视、动画、建筑漫游等领域的应用。通过阅读本章，读者可以清晰而全面地掌握三维角色模型、材质质感、灯光烘焙等制作的流程及制作技法的应用，使读者对三维艺术的鉴赏力、表现力进一步得到提升。

- ● **实践目标**
- – 了解高端三维模型制作技术与传统三维制作的区分及应用
- – 掌握三维角色形体结构制作的规范流程及制作步骤
- – 掌握写实、科幻、卡通及魔幻风格角色在三维产品开发的应用
- ● **实践重点**
- – 掌握三维角色在影视、游戏及建筑漫游等领域的应用
- – 掌握角色模型制作规范流程及贴图材质质感的绘制技巧
- ● **实践难点**
- – 掌握高低端三维角色模型的制作技巧及制作规范
- – 掌握人体结构比例及不同风格三维角色在产品开发中的应用

三维模型制作技术概述

比较成功的三维艺术创作产品，需要一个比较完整的世界观设定或背景故事的描述，包括角色设定、场景设定、故事剧情、主线引导等方面的内容。而从表现形式来说，整个三维是由角色（包括主角、动物、NPC、怪物等）及其动作、场景元素、道具以及程序生成的物理、光影效果构成。其中角色、场景和道具是三维的整体视觉表现的构成元素，也是三维制作流程中美术部门的主要工作内容。

在影视、动画、游戏、建筑漫游等三维艺术表现中，主角人物的形体结构、动态造型、装备服饰的设计在整体三维产品定位中起到关键的引导作用。我们主要从以下几个方面对人物角色形体结构造型进行逐步分解。

1.1 角色形体结构分析

三维角色制作在三维美术表现中是最基础也是具挑战性和创造性的工作。要想完整地塑造人物形体特征及动态结构，就必须掌握人体解剖学的有关知识。实践证明，在塑造人物形象时，如果缺乏解剖学知识的引导，往往会感到无从入手。有时虽能勉强地塑造出人物的形象，但也不会创作出理想的作品。因此，对解剖学知识的基本学习，是非常重要和必要的。本章将从三维角色建模的角度出发，介绍三维角色建模时常用的一些解剖学基础知识，为后续三维角色的制作做好铺垫。

1. 人体比例关系

人体是一个有机联合体。人体的整体比例关系通常以人物的头部长宽比例作为基础单位来测量人的身体、四肢等各个部位的比例结构。每个人及每个种族都有各自的形象特征，如角色的高矮胖瘦及民族特征，其比例相态也因人而异。如果按照生长发育正常的中国男性中青年平均数据，中国男性青年的比例高度为七个半头。

1）基本人体比例

正常人物的头身比为七个半头头长，标准男人人体比例分段如下。

头顶到下巴为基础比例。

下巴到乳头结构线。

乳头到脐孔。

脐孔到耻骨联合下方。

耻骨联合到大腿中段下。

大腿中段下到膝关节下方。

膝关节下方到小腿3 / 4处。

小腿下方到脚底为半个头长。

男性中青年人体骨架及身体比例结构，如图1-1所示。

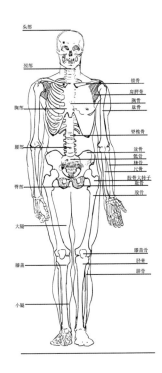

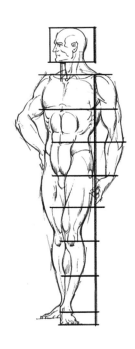

图1-1　男性中青年人体比例

　　如描述的三维角色难以确定其高度（头被遮挡或是戴着帽子），可以采用从下往上量的方法，即七个半头高的人体，足底到髌骨为两个头高；再到髂前上棘又是两头高；再到锁骨又是两头高；剩下的部分是一个半头高。当然在实践中不一定是从下往上量，这实际上是一种以小腿为长度的测量方法。手臂的长度是3个头长，前臂是1个头长，上臂是4/3头长，手是2/3个头长。肩宽接近2个头长。庹长（两臂左右伸直成一条直线的总长度）等于身高。第七颈椎的臀下弧线约3个头高。大转子之间1个半头高，颈长1/3个头高。

　　一般来说，个子越高，其四肢就越长；个子越矮，其四肢就越短。在模特行业中，人物的比例结构就不能按照正常的头身比来定位，通常达到9个头身比。

　　2）男女人体比例关系

　　男性与女性之间有比较明显的形体上的特征，在进行角色设计的时候，一定要注意强化男性与女性之间的差异。

　　成年男性身高为7个半头高，其中脖子到腰加半个头为3个头高。身材高大的男子为9个头高，即脖子到腰3个半头高，臀部到脚底四个半头高，头部一个头高。男性肩较宽、锁骨平宽而有力、四肢粗壮、肌肉结实饱满，外形可以用倒梯形来概括。

　　成年女性身高为7个头高，其中头部1个头高，脖子到腰是2个半头高，臀部到脚底为3个半头高。如果是矮小女子，身高为6个头高，其中脖子到腰，臀部到脚底各减半头。女性肩膀窄、坡度较大、脖子较细、四肢比例略小、腰细胯宽、胸部丰满。男女身体比例和外形的区别如图1-2和图1-3所示。

第1章　三维角色制作——概述

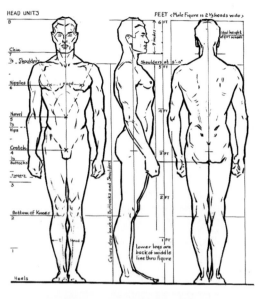

图1-2　男性身体和比例

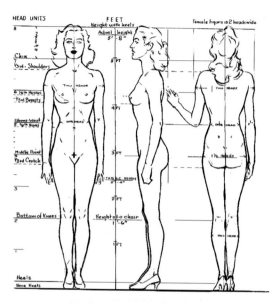

图1-3　女性身材外形比例

　　3）少年、青年、老年人体比例

　　儿童的头部较大，身高的一般比例为3~4个头高，同时四肢比较短小，手臂长度一般只能达到胯部，腿也比较短，而头部则无论是从宽度还是从高度上都占有比较高的比例，儿童由于性未成熟，因而男女形态差异较小。儿童颈部和腰部的曲线不如成人明显，肢体的曲线也不如成人明显。儿童形态，年龄越小越显得平直、浑圆。

　　老年人身高比青年时要矮，往往不足7个半头高，身材比例较成年人略小一些，头部和双肩略近一些。老年人会有一定的驼背现象，腿部稍弯曲，步伐也会显得有些蹒跚。老年人的这些身体特征，在设计三维角色时需要特别注意。

　　4）不同人种的人体比例

　　由于人类种族的不同，反映在人体上的体型就有些差别，人类3大种族在体型上略有差别。从地域划分，与亚洲人相比，欧洲人的身高比例更大。就身高来说，欧洲人比亚洲人高，而非洲人处于欧洲人和亚洲人之间。下表是欧洲和亚洲男性女性成年人的身高比例，单位是一个人头高度。

身高比例	亚　洲	非　洲	欧　洲
男　性	1:7~1:7.5	1:7.5~1:8	1:8~1:9
女　性	1:6~1:6.5	1:6.5~1:7	1:7~1:8

　　人体比例的种族差别主要反映在躯干和四肢的长短上，总体来说，白种人躯干短、上肢短、下肢长，黄种人躯干长、上肢长、下肢短，黑种人躯干短、上肢长、下肢长。人体比例在种族上的差别女性比男性明显。

5）不同形体的人体比例

人体体型的个性特征，大体可分为均匀、胖、瘦。这3种类型的区别，首先决定于骨骼的差别，其次是肌肉和脂肪多少的差别。匀称的人体骨骼粗细中等，腹部长度和宽度比例适中。胖人的皮下脂肪较多，主要分布在肩、腰、脐周、下腹、臀、大腿、膝盖和内踝上部等，身体一般呈橄榄形，腹大腰粗。面颊因脂肪多而呈"由"字形或"用"字形，有双下巴。较瘦的人体骨骼纤细、胸部长而窄，骨骼的骨点、骨线显于体表。瘦人的脊椎曲线一般都呈"弓"形，颈前凸明显而腰前凸不明显。勾腰杠背，骨形显露。另外还有健壮型的人体，均骨骼粗大、肌肉结实。

要注意，女子再瘦，其胸脯和臀部的造型依然呈现出女子的形态；男子再胖，也不可能有丰满女子隆起的胸脯和臀部。胖男子腰粗，丰满的女子由于臀部脂肪加厚而显得腰更细。胖男子曲线简单，丰满的女子曲线大，节奏感强。

6）人体黄金比例

人体黄金比例是意大利著名画家达·芬奇提出的人体绘画规律：标准人体的比例头部是身高的1/8，肩宽是身高的1/4，平伸两肩的宽度等于身长，两腋之间宽度与臀部宽度相等，乳房与肩胛下角在同一水平上，大腿正面厚度等于脸的厚度，跪下的高度减少身高的1/4。如图1-4所示。

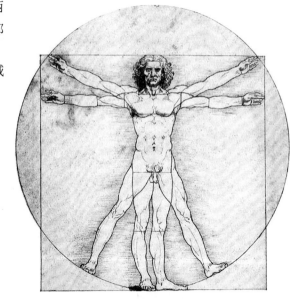

图1-4 人体黄金比例示意图

而所谓的黄金分割定律，是指把一定长度的线条或物体分为两部分，使其中一部分对于全体之比等于其余一部分对这部分之比。这个比值是0.618:1。就人体结构的整体而言，肚脐是身体上下部位的黄金分割点，肚脐以上的身体长度与肚脐以下的比值也是0.618:1。人体的局部也有3个黄金分割点：一是喉结，它所分割的咽喉至头顶与咽喉至肚脐的距离比也是0.618:1；二是肘关节，它到肩关节与它到中指尖之比也是0.618:1；此外，手的中指长度与手掌长度之比，手掌的宽度与手掌的长度之比，也是0.618:1。牙齿的冠长与冠宽的比值也与黄金分割的比值十分接近。当然，以上比例只是一般而言，对于不同的个体来说，其各部分的比例有所不同，正因为如此，才有千人千面、千姿百态。

2.人物面部比例

人的头部主要是由头发及面部的各种器官按不同长短比例关系组合而成。

正常人的面型有4种形态，即圆形、方形、椭圆形、长形。又有人按区分为"田、由、国、用、目、甲、风、申"等面型，目前比较公认椭圆形即鹅蛋形脸最为俊美，方形脸则显得比较刚毅，圆形脸显得憨厚，长形脸给人以精明能干的感觉。

人的面部三庭、五眼、三均的比例关系，如图1-5所示。

三庭，是指上自额部发际缘，下至两眉间连线的距离为一庭；眉间至鼻底为第二庭；鼻底至下颌缘为第三庭。这三庭比例相同，各占面长的1 / 3。

五眼，是指眼裂水平的面部比例关系，两只耳朵中间的距离为五只眼睛的长度。在两侧眼裂等长的情况下，两内眼角的宽度是一只眼长的距离，鼻梁低平或内眦赘皮时，间距显示较宽。单眼皮的人多存在上述情况。从两侧外眼角至发际缘又各是一只眼裂的长度。

三均，在口裂水平方向，面宽是口裂静止时的长度（正面宽）的3倍，而且比较协调。下颌角宽大或咬肌肥厚的人，从正面看，面宽就超过三均比例。

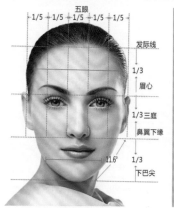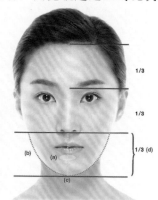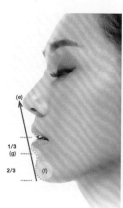

图1-5 三庭、五眼、三均示意图

成人眼睛在头部的1 / 2处，儿童和老人略在1 / 3以下。眉外角弓到下眼眶，再到鼻翼上缘，3点之间的距离相等，两耳在眉与鼻尖之间的平行线内。这些普通化的头部比例只能作为角色建模时的参考，最重要的是在实践中灵活运用，正确区别不同的形态结构，才能体现所描述对象的个性特征，如图1-6所示。

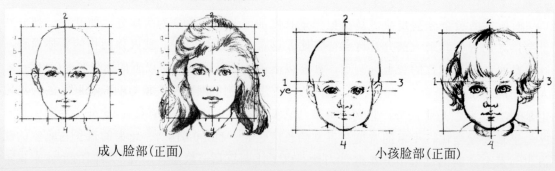

成人脸部(正面)   小孩脸部(正面)

图1-6 成人与儿童的面部形态区别

3. 五官形态结构分析

1）眼

眼睛是由瞳孔、角膜、眼角组成球形嵌在眼睛窝里，上、下眼睑包裹在眼球外，上下眼睑的边缘长有睫毛，呈放射状。上眼睑，睫毛较粗长且向上翘，下眼睑睫毛细而短且向下弯。两只眼球的运动是联合一致的，视点在同一方向上，由于头部的扭动，眼睛出现了不同的透视变化。眼睛形状不同，有圆、扁、宽、双眼皮、单眼皮等区别。年龄段不同，眼睛的形状也不同。有的人内眼角低，外眼角高；有的人内外眼角较平，应注意区分。

眼窝（或称眼眶）里面，被厚重的额角所支撑，颧骨在其下方进一步起到支撑的作用。眼睛位于眼窝内，被脂肪垫着，眼球的形状有点圆。暴露在外的部分由瞳孔、虹膜、角膜和白眼球组成。角膜是一层透明物质，覆盖在虹膜上，就像手表上面的水晶表壳，这也是眼睛前面轻微凸出的原因，如图1-7所示。

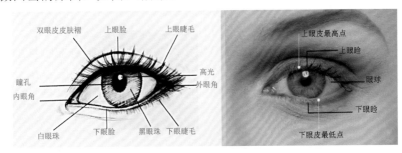

图1-7 眼睛的结构

2）眉

眉头起自眶上缘内角，向外延展，越眶而过称为眉梢，分上、下两列，下列呈放射状，内稠外稀，上列覆于下列之上，气势向下，内侧直而刚，并且常因背光而显得深暗，外侧呈弧形，因受光显得轻柔弯曲。人的眉毛形状、走形、浓淡、长短、宽窄都不尽相同，是显示年龄、性别、性格、表情的有力标志，如图1-8所示。

图1-8 眉毛的结构

3）鼻

鼻隆起于面部，呈三角状，由鼻根和鼻底两部分组成。鼻上部的隆起是鼻骨，它小而结实，其形状决定了鼻子的长、宽等。鼻骨下边连接比坎骨、鼻侧软骨和鼻翼软骨，鼻翼可随呼吸或表情张缩。鼻子的形状很多，因人而异，有高的、肥厚的，也有尖细的或扁平的等，都是形象特征的概括。鼻子的软骨部分能动，笑的时候鼻翼上升，呼吸困难时鼻孔张开，表示厌烦时鼻孔缩小，表示轻蔑时鼻翼和鼻尖上翘，鼻子表面的皮肤还可以皱起来，如图1-9所示。

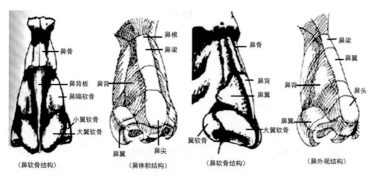

图1-9 鼻子的结构

4）嘴

嘴唇由口轮匝肌组成，上下牙齿生在半圆形的上下颌骨齿槽内，外部呈圆形，上唇中间皮肤表面有凹陷，称为人中。嘴唇的表面有唇纹，各人的唇纹形状不同。椭圆形的口腔周围有肌肉纤维（口轮匝肌）在嘴角处交织叠合，使皮肤收缩附着在嘴柱上。嘴边边缘的皮肤有一条皱纹，是从两侧鼻翼延伸下来的，这条皱纹向下同下颌裂纹融合，由这块肌肉伸展出各种不同的面部表情肌肉。比较来看，嘴唇有很多形状：厚嘴唇、薄嘴唇、嘴唇向前凸的和嘴唇向后缩的。每种形状还可以比较着看：直的、弯曲的、弓形的、花瓣形的、后撇嘴的以及扁平的，如图1-10所示。

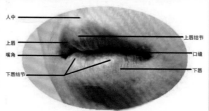

图1-10 嘴的结构

5）耳朵

耳朵由外耳轮、对耳轮、耳屏、对耳屏、耳垂组成，是软骨组织，具有一定的弹性，形似水饺。耳朵稍斜，长在头部的两侧。耳朵与面部相接处在下颌上方的那条线上。

耳朵有3个平面，用两条从耳洞向外放射的线分割出来表示，上面一条和下面一条，第一条线表示平面中下降的角，第二条表示平面中上升的角，如图1-11所示。

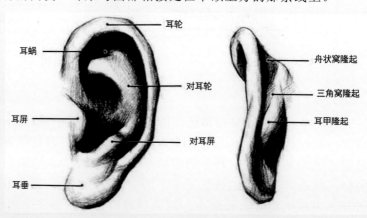

图1-11 耳朵的结构

1.2 三维角色的分类

随着三维制作技能技巧的初步成熟及不断提高，加上电脑性能的不断升级，三维影像画面的可操作性与画面质量已经成为一款成功三维产品的衡量标准。而主机三维（次世代三维）与PC三维之间的竞争加剧，也使得三维公司不断开发出画面风格迥异的三维作品，希望以此来吸引不同口味的玩家们。

作为一名从事三维美术工作的模型设计师，需要对不同风格的三维角色有必要的了解。本节就选取一些典型的三维角色作品，为大家简要介绍。

1.2.1 不同美术风格的三维角色

1.卡通风格的三维角色

卡通风格的三维角色在人体结构的变形上取舍很大。这样夸张的特点致使画面的视觉元素比较单纯，玩家所接收的信息量就相对减少，符合低龄玩家与女性玩家心理的适应和承受能力。

卡通风格的三维中，人物的比例通常会缩小到6个头高以下，甚至只有2个头高。人物造型结构相对也比较卡萌，深受用户的喜爱，如图1-12所示。

图1-12　卡通风格三维角色

卡通风格的三维角色，在五官上的夸张变形是最为明显的。尤其是眼睛，作为心灵的窗口，眼睛在所有卡通人物形象中几乎都被夸张得非常大，甚至占到整个面部的一半面积。大眼睛可以使卡通角色们看起来更加可爱和有趣。而相对的在五官中，鼻子则被夸张变小，小而翘的鼻子同样可以使角色的年龄看上去比较小，这样的角色更有亲和力，也更符合低龄玩家和女性玩家的审美，如图1-13所示。

图1-13　卡通三维角色设定

2. 写实风格的三维角色

写实风格的人物设计，虽然也有夸张和变形，但还是在遵循着正常人体比例的基础上有节制、有目的地进行适当的调整，所绘制出来的形象符合大众心理认同的标准，具有形象的真实感和现实感，如图1-14所示。

图1-14　中国风写实三维角色

高精度写实模型是三维艺术及电脑技术完美结合的新型的结合。如图1-15所示。

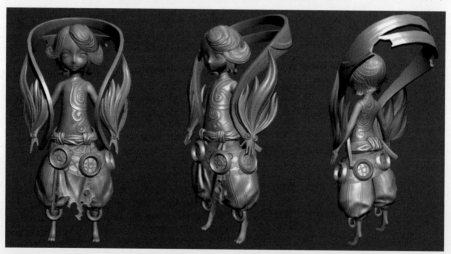

图1-15　高精度ZB三维角色

3. 唯美风格的三维角色

唯美风格的设计思路与写实风格基本相似。之所以分开说明，是因为该风格的人物设计以日韩三维居多。该类角色画质精美，服饰精致，动作华丽，很受青少年玩家的喜爱。唯美风格的三维角色如图1-16及图1-17所示。

图1-16 《奇迹世界》圣射手角色

图1-17 日本唯美风格三维角色效果

4.次世代高精度三维角色

次世代高精度三维角色模型主要是三维模型制作与电脑技术相结合的一种艺术表现形式。在影视、动画电影、建筑漫游等领域得到广泛应用。特别是高新技术应用领域 ——VR影像三维艺术的多方位纵深发展，使得次世代技术的应用奠定了超写实三维世界的全新进阶，如图1-18所示。

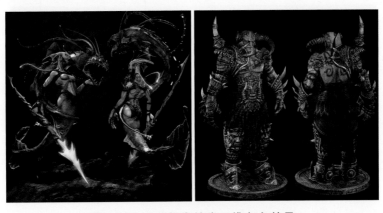

图1-18 次世代高精度三维角色效果

11

1.2.2 不同角色职业定位

在一款三维产品开发中,角色的重要作用是不言而喻的,没有角色的三维就好像没有演员的电影一样。这些角色包括项目中的人物、生物及特殊道具等形象,结合背景故事三维场景剧情的变化将三维的故事情节、娱乐文化、画面品质有效地贯穿一起,深深地吸引着用户深入体验及感受,是决定一款三维产品得到市场认可的重要因素之一。

人物角色根据产品美术风格的定位,主要由写实、卡通、次世代高精度模型等不同的制作表现形式。角色不同的换装、等级变化也能带来不一样的设计理念及艺术表现力,如图1-19、图1-20及图1-21所示。

图1-19 古装战士进级装备

图1-20 次世代主角模型

图1-21 高阶斗士角色模型

1.3 三维角色设计应用

三维角色设计技法包括角色原画概念设定、角色原画与模型之间的应用两部分。

1.3.1 角色原画概念设定

原画设定属于美术领域，但并非传统的美术。随着网络三维进入中国，原画作为三维制作中所需的一环工作逐渐在中国普及开来。优秀的三维角色原画不仅可以为三维美术师提供参考和素材，同时也为三维的市场推广提供了有利的宣传素材。玩家会在三维相关网站上首先看到各种宣传文案和角色原画。成功的原画形象会立刻抓住玩家的心，使之期待三维的发售。在本节中将为大家介绍一些经典三维中出色的角色原画作品。

1.《唐门世界》角色原画赏析

左侧身穿红色长裙的守护女神，性感而庄重，天际海景的背景衬托带给人典雅高贵、超凡脱俗的形象气质。中间身穿透明华丽白色丝纱的狐仙通过灵巧的狐尾动态造型及丰富的表情变化，结合冷色调背景的衬托给人妖媚妖娆、扑朔迷离的感觉。右侧身着绿色长裙，手拿法杖，整体服饰装戴以绿色为主色调的法师，结合绿色背景给人一种清纯、甜美的感觉。整体美术风格属于魔幻风格类型的代表作品，如图1-22所示。

图1-22 《唐门世界》角色原画

2.《笑傲江湖》角色原画赏析

《笑傲江湖》作为北京完美世界公司自制研发的武侠风格大作，结合产品的市场定位及三维技术的高超渲染应用，其画面质量达到了前所未有的高度。角色原画设定充满个性，有比较鲜明的种族职业特征，服饰及动态的设定充满想象力，在产品中为玩家带来无与伦比的视觉冲击，如图1-23所示。

图1-23 《笑傲江湖》角色设定

3.《圣迹》角色原画赏析

《圣迹》是一款西方魔幻类角色扮演MMORPG网络游戏。在游戏中,玩家可以体验到人魔激战、夺城抢地、战场PK等PVP核心玩法,并拥有角色成长、人神合体、神宠护佑、城堡建设、生活技能等多元化养成PVE趣味玩法。整个游戏充满了魅力,画风精致,剧情生动,独具西方魔幻色彩的世界将给玩家带来一场新奇、有趣的游戏体验,如图1-24所示。

图1-24 《圣迹》角色原画

4.卡牌概念原画赏析

卡牌概念原画是结合传统绘画设计理念更深层次的一种艺术表现,从画面设计全新理念及完美逼真的细节刻画,可以充分展示卡牌概念设计对绘画及设计领域的冲击力,重点突出角色服饰设计理念,身体动态造型,各个职业角色皮肤、毛发、布料等质感的表现。角色与背景的完美结合成为卡牌概念设计最大的特色,如图1-25所示。

图1-25 高级卡牌角色概念设计

1.3.2 角色原画与模型之间的应用

三维角色是最具生命特征的三维元素，因此也是最具表现力的。三维任务角色设计就是要通过外在的形象来表现出人物内在的精神气质和性格特征。三维角色设计质量的高低影响到整个三维的生动性，进而影响到玩家的置入感。在三维开发中，角色原画绘制确定完成后，就会交给三维美术设计师来按照原画制作模型和贴图。三维角色制作效果如图1-26所示。

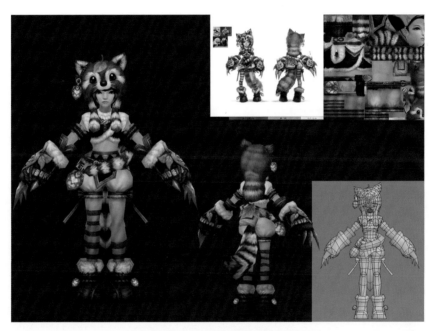

图1-26 三维角色制作效果

根据产品定位对原画设计的品质需求，角色模型的制作精度也会根据制作规范的需求进行适度的品质调整。原画的主要作用就是为三维美术提供建模参照和贴图参考，使模型结构具有更多的细节表现，如图1-27所示。

图1-27 高阶角色模型制作

1.4 三维角色制作流程

优秀的三维角色产品，不但可以为玩家带来轻松快乐的三维体验，同时这些角色形象也可以成为三维开发公司的标志性角色，如育碧公司的雷曼，任天堂公司的马里欧，HUDSON公司的炸弹人等，这些都是世界上最为成功的三维角色。如何创作出优秀的三维角色呢？本节主要通过介绍使用3ds Max和Photoshop设计制作出的角色实例，让大家基本了解制作三维角色的流程，为后面的学习做好铺垫。

三维角色制作流程主要有以下五个环节：①原画设计分析；②模型制作规范；③模型制作分解；④UVW展开及编辑；⑤纹理材质绘制。

1.4.1 原画设计分析

首先我们从资源库打开一张名为蝴蝶女的游戏原画概念设计，并根据画面的表现对蝴蝶女原画进行分析。

原画风格：卡通风格偏魔幻。

体型特征：画面表达的是一个十几岁的女孩，身高在1.4米左右。蝴蝶女的身材比例是5个头身比，身材娇小敏捷。

形象特征：蝴蝶女的眼睛要夸张大一些，使她看起来更加可爱和聪慧，耳朵细小狭长，有精灵族的典型特征，背部艳丽而有力的翅膀赋予蝴蝶女特殊的飞行技能，为后续的动作、特效技能设计做了很好的铺垫，蝴蝶女原画设计如图1-28所示。

图1-28　蝴蝶女原画设计

1.4.2 模型制作规范

三维角色模型制作要根据项目产品需求制定相应的制作规范及制作流程，最终输出符合需求的规格文件。制作规范范本如下。

1.制作规范

软件：3ds Max 2017	
目 录	1.单位：以米为单位。 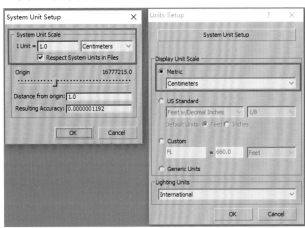 2.贴图格式：Tga或Png。 3.贴图大小规范（单位为像素）： 　　头部：256×256；512×512。 　　身体：256×256。 　　翅膀：256×256。 4.坐标规范：角色坐标为（0，0，0），局部坐标下，y轴是模型的正上方向，z轴是模型的正前方向，x轴是模型的正右方向。 5.模型面数规范。 （1）单个主角头部面数(包含各个部件)不超过2000三角面； （2）单个身体面数(包含各个部件)不超过3000三角面； （3）单个翅膀面数(包含各个部件)不超过1500三角面； 6.绑好骨骼蒙好皮的模型为一个Max文件，角色每一个动作为一个单独的Max文件。 7.Max源文件里面不要存在一切和模型没有关的东西，也不要隐藏，比如，摄像机等。 8.制作时身高以一米四的女性Q版角色为建模的标准参考身高，让所有的角色放在一起看起来和谐。 9.Max源文件各个部件命名符合命名规范。
提 交	1.Max源文件。 2.模型对应贴图。 3.模型的帧数表和步距。 注：文件夹整理清晰、易查找。

2. 命名规范

（1） 角色名称：策划所起名称。

（2） 资源命名：【资源类】【类型编号】【子类型编号】【序列号】。

（3） 附加命名：【角色名称拼音/英文】【序号】。

序号	资源命名	附加命名	角色名称	备　注
1	C01010001	NPC-hudienv01	蝴蝶女	
1. Max源文件				
1	怪物按【C角色名称】	Npc	C03010001.max（无动作） C03010001@Attack1.max（有动作）	
2	主角按【C角色名称_套件编号】	Ch	C01010001_01.max C01010001_01@Attack1.max	
3	时装按【C道具编号+索引编号_职业编号+性别编号】	Hz	C01210001_0101.max C01210001_0101@Attack1.max	
4	主角裸身按【角色名称_00】	Body	C01010001_00.max C01010001_00@Attack1.max	
5	坐骑按【D坐骑名称】	Ride	D01250003.max	
2. Max蒙皮文件（在Max里面命名）				
1	宠物、怪物、NPC、装饰NPC、场景物件按【M角色名称_部件编号】	蒙皮	M03010001_09 身体	
2	角色常装按【M角色名称_套件编号+部件编号】 （需要做源映射表，使道具与资源配套）	蒙皮_1级套	M01010001_0101 1级套头部 M01010001_0104 1级套装	

说明：道具编号0125××××装备0121××××出现重名时可使用道具名。

1.4.3 模型制作分解

在熟练掌握模型制作的规范要求之后，下面我们就要根据原画的设计对蝴蝶女的各个部分模型按照规范要求进行制作。

（1）头部模型的制作。首先创建一个长方体来制作头部。方法：运行3ds Max 2017，然后在顶视图中创建一个长方体对象，设置长方体基础参数并对长方体的坐标归位到坐标中心，如图1-29所示，将长方体转换为可编辑多边形。接着进入 ☑（修改）面板，在下拉菜单中选择"MeshSmooth"设置光滑参数为"2"，得到细分的模型，如图1-30所示。

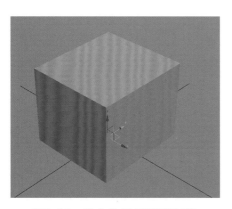

图1-29　长方体基础模型创建

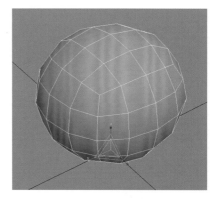

图1-30　细分模型效果

（2）再次进入　（修改）面板，在下拉菜单中选择"FFD4×4×4"变形器，进入到"FFD4×4×4"控制点状态，运用　（选择并移动）、　（选择并缩放）工具对头部长方体模型进行初步模型编辑，使其接近人头的形状，如图1-31及图1-32所示。

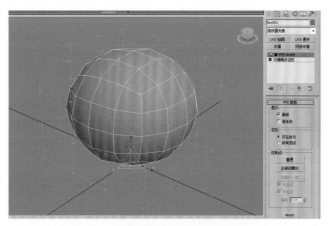

图1-31　FFD变形器调整模型效果

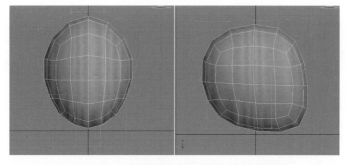

图1-32　头部模型正面及侧面初步调整

（3）选择头部模型，将其转换为可编辑多边形。结合蝴蝶女原画头部的设计定位，对头部五官的结构造型进行细节的刻画。进入可编辑多边形的对象层级，利用切割、快速切片、塌陷等编辑命令对多边形物体进行布线编辑，深入刻画头部造型，如图1-33所示。

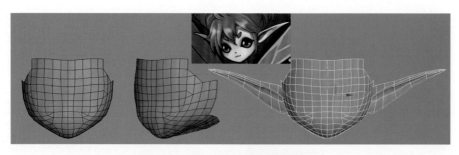

图1-33 头部模型细节刻画效果

（4）根据原画整体设计需求，结合头部模型结构继续对头发部分的模型结构进行细节的刻画。在编辑头发模型各个部分的时候，可以分别在▨（顶点）、◺（边）、▣（多边形）不同状态之间进行模型细节的刻画，运用多边形模型的编辑技巧反复调整头发模型的结构，如图1-34及图1-35所示。

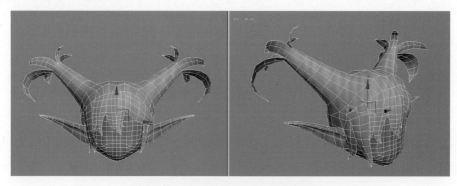

图1-34 头发主体模型细节制作

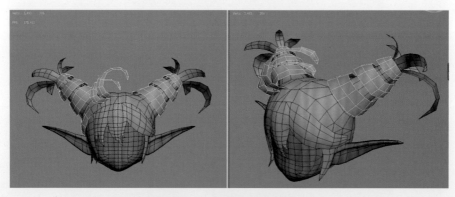

图1-35 头发附属模型制作

（5）制作好头部模型形体结构之后，接下来继续完成角色身体模型的制作，身体部分从大的结构上划分主要是由上半身及下半身组成，上半身构成身体主要的形体结构，在制作模型时注意此部分要根据原画设计对身体整体模型的结构进行调整，特别是身体与手臂之间的比例结构变化，如图1-36所示。腿部的模型结构根据原画设计进行整体结构模型的制作，注意处理好大腿、小腿、脚部的结构比例变化，如图1-37所示。

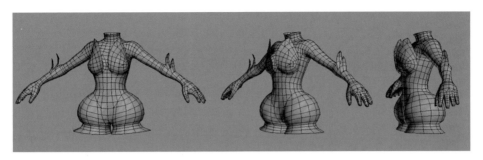

图1-36 上半身模型结构细节刻画

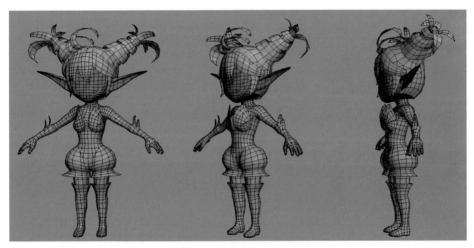

图1-37 模型整体结构造型变化

（6）再次结合原画设计定位，对蝴蝶女独具特征的翅膀进行模型细节的制作。注意翅膀模型与角色整体模型的比例结构变化，如图1-38所示。

图1-38 翅膀模型结构制作

（7）在完成蝴蝶女整体的模型制作之后，结合前面的制作规范检查模型接缝线是否合理，以防止出现多余的顶点、边、多边形而导致模型错误。对角色模型的各个部分进行顶点归零，同时将模型的坐标信息归纳到坐标中心。

1.4.4 UVW展开及编辑

UVW展开及编辑是绘制纹理贴图之前最为关键的部分，根据角色各个部分模型进行不同的UVW指定坐标展开方式，蝴蝶女模型主要由3部分组成，在对角色模型进行UVW展开及编辑的时候，要注意合理分配各个部分UV在编辑窗口的布局，我们可以通过棋盘格来检测纹理分配是否合理。

（1）头部模型主要有脸部及头发两个部分，分别根据脸部及头发的模型造型指定相应的坐标展开，运用UVW的编辑技巧逐步展开UV，并在编辑窗口进行合理的排布，同时按照UVW导出流程进行结构线的导出，如图1-39所示。

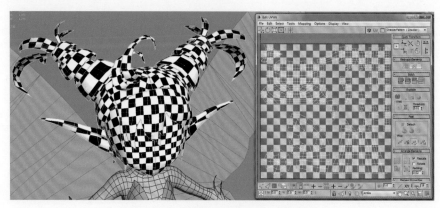

图1-39　头部UVW展开及编辑效果

（2）身体模型UVW展开及编辑。身体模型结构是角色结构变化最复杂的部分，主要由胸部、手部、脚部及身体装备等各个部分构成，每个部分的UVW坐标指定的定位方向要根据模型的坐标轴向进行合理的匹配。接着在修改器列表中选择"UVW展开"命令，进入UVW编辑界面，运用编辑技巧进行UVW坐标的编辑，使测试贴图能够较好地匹配模型（棋盘格图案保持为方格形状），如图1-40所示。

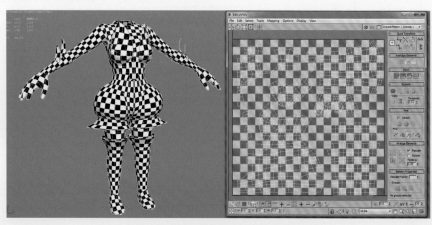

图1-40　身体UVW坐标展开及编辑

（3）按照同样的制作流程对蝴蝶女翅膀模型的UVW进行合理的编辑，同时结合棋盘格纹理在UVW编辑窗口进行合理的编排，注意对角色身体部分的UVW纹理进行整体调整，如图1-41所示。

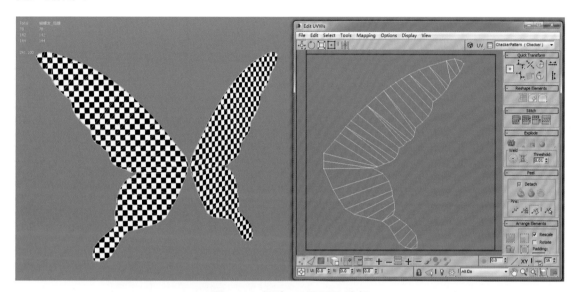

图1-41　翅膀UVW展开及编辑

1.4.5　纹理材质绘制

在完成角色模型UVW的整体编辑之后，结合原画的设计对各个部分的材质纹理进行细节的刻画，运用PS绘制贴图方法技巧，分别对毛发、布料、皮肤等的纹理质感进行准确的定位。分别对头部、身体及翅膀的贴图纹理根据各自的材质定位结合原画进行精细的刻画，如图1-42、图1-43及图1-44所示。

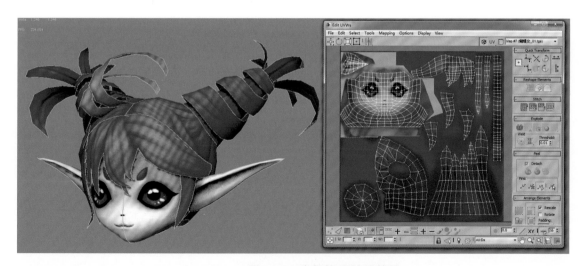

图1-42　头部纹理材质效果

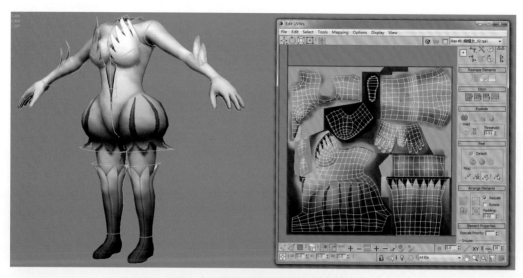

图1-43　角色身体纹理材质效果

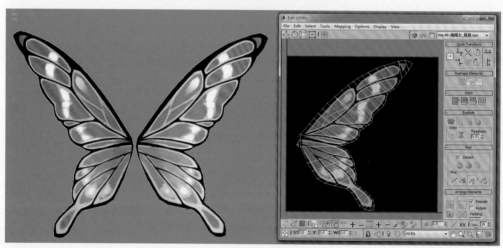

图1-44　翅膀纹理材质效果

　　至此，一个完整的人物角色的模型材质制作的工作流程就基本完成了，本节是介绍性分解三维角色的制作模块，此部分也是对三维角色建模的流程有一个简单的认识，许多操作步骤的细节我们会在接下来的内容里详述。

1.5　本章小结

　　重点对人体结构的理论知识进行深度的剖析；对三维角色的制作流程及规范进行了简要的分析及讲解；掌握三维模型制作、UVW编辑技巧、贴图纹理制作的规范流程及技法技巧的应用。

1.6 本章练习

1.填空题

（1）在制作三维作品之前，我们需要对一些美术的基础知识进行学习，主要包括_____和_____两方面的学习。

（2）制作角色的头部模型时，可以利用_____修改器修改多边形造型，使其接近人头的形状。

2.简答题

（1）简述传统三维模型的制作流程。

（2）简述人体的头身比基础结构及三庭五眼定义。

3.操作题

根据本章中介绍制作三维角色运用的软件进行简单操作，熟悉3ds Max、Photoshop基础操作界面及功能模块的初步应用。

第2章 女性标准人体模型制作

章节描述

　　在本章中，我们通过对三维女性标准人体模型的制作流程及制作技巧的精细讲解，充分了解女性人体结构造型的特点，掌握在游戏开发中角色换装的模块划分及制作规范流程，掌握手绘皮肤纹理的绘制技巧。

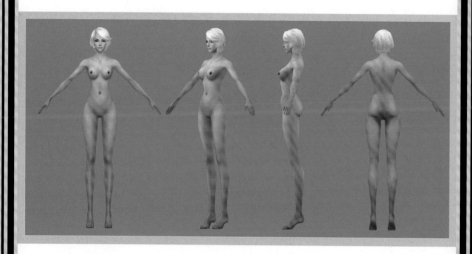

● **实践目标**
- 了解三维角色的制作思路及规范流程
- 了解女性人体模型制作的规范及制作技巧
- 掌握女性人体UV编辑思路及贴图绘制技巧
- 掌握女性人体皮肤材质质感的绘制技巧

● **实践重点**
- 掌握女性换装模型制作流程及制作技巧
- 掌握女性人体UV编辑技巧及排列规范要求
- 掌握女性人体皮肤材质质感的绘制技巧

● **实践难点**
- 掌握女性人体模型制作及UV编辑技巧
- 掌握女性人体皮肤纹理质感的绘制流程

2.1 三维制作概念的定义

三维就是指立体的、客观存在的现实空间。在网络游戏成为三维行业中的主流的当下，三维制作的游戏已经成为游戏发展的必然趋势。三维游戏就是拥有立体空间的游戏，是可以用鼠标360°的旋转视角的，模拟现实的世界，让玩家在游戏中全方位地感受周围的环境和人物。而当前比较出名的三维游戏主要有美国暴雪公司出品的《魔兽世界》以及国内完美时空公司出品的《诛仙》等。

2.1.1 三维制作软件的应用

三维制作软件就是在计算机中创建了一个模拟的三维空间，利用各种命令在这个软件平台上制作模型，并且可以360°全方位地观看模型，然后设置好相应的材质并把材质赋予模型，使模型呈现出真实的效果。三维制作软件可以按功能的复杂程度分为小型、中型、大型三类。小型三维软件的整体功能较弱，或偏重于某些特殊的功能，学习也相对容易。例如，Poser：可以快速制作各种人体模型软件，通过拖动鼠标迅速改变人体的姿势，并生成简单的动画。中型三维软件，例如，3ds Max：功能比较强大，集建立模型、材质、摄影灯光、影片剪辑于一体。目前在中国的游戏制作的过程中，3ds Max也是经常用到的主流软件。大型三维软件，例如，MAYA：功能比3ds Max强大和完善，主要偏向影视动画的制作，注重角色的动作调试，较为复杂的角色动画、大型游戏和动画电影均会用到这个软件。

2.1.2 三维角色制作的主要流程

（1）3D模型和贴图的制作：3D建模和贴图的制作相对比较复杂，因为模型的好坏决定着角色或者场景的成败。一个成功的模型并不是形态标准就可以，而是对角色本身的布线要求很高，简单地说就是一个好的模型，它的布线必须是围绕着结构进行的，这样的布线可以为之后的动作调整有极其大的帮助。建模完成之后便要对模型进行画材质和贴图，画材质对工作人员的美术基础和造型能力有着严格的要求。当然不光需要材质画得好，贴图的好坏也会直接影响模型的外观。

（2）骨骼的绑定和动作设定：在模型材质和贴图都完成以后，将对模型进行骨骼的绑定和蒙皮等工序，以后再对其进行动作的调试。当然，一个成功的游戏角色除了有良好的模型贴图，还必须要有一套结构合理且完善的骨骼，才能实现其动作的优美和流畅。

（3）渲染和实时3D：在骨骼和动作都调试完成之后，3D的网络游戏可直接将其完整的模型放到3D引擎里面，让3D引擎对其进行处理，这也就是所谓的实时3D。

2.1.3 三维游戏中的材质和贴图

1.材质和贴图的概念

材质与贴图是用于增强模型的真实感和感染力，材质简单地说，就是指物体的质地，也可以理解成是材料和质感的结合。在渲染过程中，它是表面各种可视属性的结合，这些可视属性是指表面的色彩、光滑度、反射率、纹理等，我们在三维软件中常常用到的材质有不锈钢材质、皮革材质、硬塑料材质、次表面折射材质、黄金材质和木纹材质等等。正是有了这些属性，三维的虚拟世界才会和真实世界一样缤纷多彩。

2.UVW编辑及定义

（1）首先，对三维角色或者场景模型按照制作流程进行UVW检查，达到制作的规范需求。

（2）其次，便要对模型进行UV的展开，在三维软件中"U"相当于世界坐标的X轴，"V"就是Y轴，还有一个"W"就是Z轴，UV就是UVW的简称。UV也称为纹理坐标或者贴图坐标，是用于控制图像如何投射到编辑对象上的。在游戏的制作过程中UV定义了图片上每个点的位置的信息，这些点与3D模型相互关联，用来决定模型表面纹理贴图的位置。UV就是将图像上每一个点精确对应到模型物体的表面。简单地说就是将物体按照某一个轴向撕开，铺平成一张平面图，然后在绘图软件中给这张平面图画上线条和颜色。

（3）材质和贴图在网络游戏中的应用和表现，最具有代表性的就是魔兽世界这款游戏的材质和贴图在网游中的表现和应用，因为魔兽世界是现今世界上拥有游戏玩家最多的一款大型经典3D网游之一，其原因是该游戏中进行了很多创新，而最大的原因在于它使用的是3D引擎。所以，这款游戏对于材质和贴图的要求直接比平常做2.5D的游戏要求高上很多倍。因为在3D网络游戏中，是直接将3D模型放进3D引擎里，让引擎对模型进行自动处理，所以一定要把模型和贴图都制作得相当完美。在《魔兽世界》中，大部分的贴图是用位图来改变其光学特征的，但不仅仅只是简单的在漫反射里贴了位图，而是在位图贴图的基础上增加了透明贴图，以及凹凸贴图等。如在制作头发的时候，头发的模型是一个面片，而在增加透明贴图以后即可让这个简单面片呈现出头发的外在形象，带给游戏玩家一个更真实美观的效果。

在3D游戏中，最忌讳的就是模型的面过多，那样会超出3D引擎的承受能力，使游戏画面运行不流畅。而《魔兽世界》这款游戏是多个玩家组队游戏的，拥有无数的3D角色和场景，而游戏的运行速度快一方面是因为它使用了强大的3D引擎，另一方面也说明它的模型面数是比较少的。虽然它的模型面数少但是视觉效果却很好，这只能说明它很大部分游戏角色和场景是靠贴图表现出来的。例如，战士手臂上的护腕，它在模型制作的时候，就是做了一个简单的圆柱体的外形，而这个圆柱体本身是没有厚度和梯度的，当然这也是因为需要节约面的使用。但是在游戏中这个护腕却表现出了丰富的层次感、立体感，这也是贴图绘制的功劳。也就是说一个精致的贴图能将一个原本很平面的东西改变成强烈的视觉空间效果的物件。当然不仅仅是《魔兽世界》这款游戏采用了这样的贴图技术，其他的很多3D类游戏也采用了这种增强视觉效果的贴图手法。

2.2 贴图分类

按照不同三维项目的品质需求，在完成角色基本模型的制作之后，根据角色不同部分的材质属性定位对材质纹理进行细节的刻画，在绘制过程中，根据不同材质质感属性结合PS的绘制技巧，采用不同的技法进行材质质感的绘制。目前比较常用的贴图制作规范主要有以下几种。

1. 手绘贴图

手绘贴图在角色及场景美术风格定位中是最基础也是使用最多的贴图类型，常用于卡通、Q版或魔幻等风格的角色、场景或道具等材质属性，卡通纹理材质相当色彩明度、纯度及色彩饱和度都比较高，色块简洁明快，有较强的装饰性。依照游戏类型和风格定位，绘制出相应的色彩、立体空间和纹理效果，对美术功底要求较高，如图2-1及图2-2所示。

图2-1　手绘Q版角色头部材质纹理

图2-2　手绘Q版角色身体材质纹理

2. 写实贴图

写实贴图是游戏中常见的使用方式，常用于写实风格类的游戏，通过收集在真实世界中的素材结合PS绘制修图的技巧来进行纹理材质属性的定位，根据角色及场景各个不同材质定位，常用的主要有木纹、金属、布料、石头、地面等不同纹理。写实角色头部及身体贴图如图2-3及图2-4所示。写实材质纹理也就是以主体还原真实素材纹理效果为目的，结合光源变化实现各种建筑风格及物件纹理的效果。

图2-3　写实角色头部贴图

图2-4　写实角色身体贴图

第2章 女性标准人体模型制作

3.无缝贴图

无缝贴图是在制作角色及场景优化贴图资源中常用的方式之一,因为在三维角色及场景制作中,美术制作人员一般会受制于游戏平台和程序要求,对于游戏3D角色场景部分的制作,经常会要求美工用有限的贴图大小去完成角色或场景复用度比较多的贴图,而这就需要3D美工合理安排材质贴图的空间布局,最终可以在连续重复显示的效果下没有接缝。无缝贴图比较有代表性的构成模式有二方连续,如角色的飘带、花边以及场景的墙体、瓦片、护栏等单方向重复度比较高的建筑部分,二方连续纹理贴图如图2-5所示。四方连续主要是指沿着四个方向根据UV编辑进行贴图纹理无限的拓展,代表性的主要有地面。墙体也会部分运用到四方连续。地面四方连续纹理效果如图2-6所示。

图2-5　二方连续场景纹理贴图

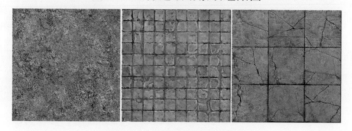

图2-6　四方连续纹理效果

在场景制作中,无缝贴图除了用于地面、墙面或道具外,更重要的会用于地形、天空、水面等很多大面积的区域,有时采用将几层无缝贴图叠加,使场景看起来更加丰富自然,雪地、天空、水体无缝贴图纹理如图2-7所示。

图2-7　雪地、天空、水体无缝贴图纹理

4.动画贴图

动画贴图主要结合三维模型的UVW编辑,结合二方连续运用UV的错位产生动画。最常见的例子就是流体,如一个喷泉喷出的水,或是一个大瀑布漂流而下的水流,或是熊熊的火焰,天空闪电特效等。运用UV错位并结合纹理做成循环的动画,然后以一种引擎能够识别的格式保存,这样在场景中就可以看到运动的贴图动态效果。如图2-8中所示。

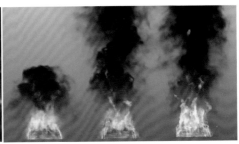

图2-8　动画贴图在游戏中的应用

　　在角色技能特效及场景环境制作中，很多动态的粒子效果多是用动画循环贴图实现的，然后通过3D渲染或运用引擎里的粒子调节器，设置成游戏中想要的动画效果。

　　动画贴图一般是靠分帧组合的图片连续播放来实现动画效果的，所以在一张动画贴图中分帧贴图数量越多，动画播放时表现的就更加自然流畅。但在实际游戏中往往会受内存要求限制，所以贴图的大小也要精简。技能特效纹理序列帧如图2-9所示。

图2-9　技能特效纹理序列帧

5.混合纹理贴图

　　混合纹理贴图是结合色彩及明暗色调进行纹理混合的材质构成方式，也是辅助表现贴图质感和纹理的常用方式，丰富画面效果，使其不会显得太过平淡。在表现真实游戏场景效果时，通常真实贴图的纹理效果会对最终游戏真实环境气氛的形成起到重要作用。材质是指物体表面体现的最基本质地效果，如木材、金属、石材和玻璃等。纹理是指依附在材质表面的上的物质，如：铁锈、烟熏、刮痕、尘土和水渍等。角色混合纹理贴图如图2-10所示。

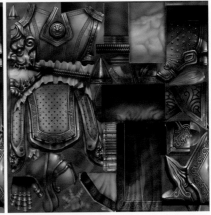

图2-10　角色混合纹理贴图

6.法线贴图

法线贴图即凹凸贴图，就是使用黑白或色彩通道来控制物体平面的凹凸程度，让物体或者角色看起来更加有立体感和真实性。例如，游戏角色盔甲上的多面凹凸效果，在制作模型的时候并没有创建那么多面，而是使用了凹凸贴图。

法线贴图多用在CG动画的渲染以及游戏画面的制作上，将具有高细节的模型通过映射烘焙出法线贴图，贴在低端模型的法线贴图通道上，使之拥有法线贴图的渲染效果，却可以大大降低渲染时需要的面数和计算内容，从而达到优化动画渲染和游戏渲染的效果。

法线贴图是在每个原始表面法线中存储的东西，从理论上说，"法线"是垂直于特定平面的向量，用以记录反射光线的角度。法线贴图是在模型所有三角面顶点上每个像素赋予假的法线，因此反射不是按照真正的多边形计算，而是根据法线图表面的向量计算出来，最终生成凹凸效果的贴图。

法线贴图其实并不是从低模的表面凸出高模的细节，而是把高模中比最高点位置低的地方凹进去，因此低模要比高模大一点才会更准确。为了游戏美术制作人员能系统深入地了解法线贴图技术，只有从图形程序技术角度来解释法线贴图技术才更加透彻，对以后在实际制作中也会有很大帮助。

在实际游戏场景可以看到有无法线贴图的效果有明显的视效区别，尤其对画面细节的真实度有了很大提升，法线贴图纹理材质效果如图2-11所示。

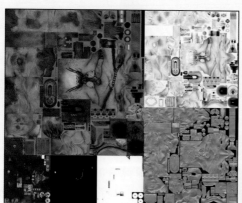

图2-11 法线贴图绘制效果

2.3 女性人体模型分析

我们制作女性人体模型时，使用标准几何体采用低Poly的建模方式，逐步完成人体各个部分模型及纹理制作，女性标准人体制作主要分为三个阶段：①女性人体模型的制作；②女性人体UVW展开及编辑；③女性人体贴图纹理绘制。

本章主要讲解女性标准人体模型——UV编辑——材质质感绘制的制作流程及制作技巧，以掌握女性人体形体结构造型特点。在制作女性人体换装各个换装部位的模型时，结合角色制作的规范流程对女性人体正面及侧面的形体结构进行细节的刻画，特别是模型的面数及贴图的尺寸都有严格的规范要求。女性标准人体模型渲染效果如图2-12所示。

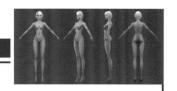

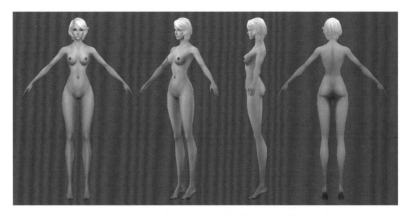

图2-12　女性标准人体模型渲染效果

　　在制作女性人体模型之前，首先要根据女性人体原画或者参考图对要制作的人体结构进行一下分析。通过对女性人体原画的分析，结合角色模型制作规范，女性人体要分为三个大的环节来完成整体模型的制作：①女性人体头部的制作；②女性身体模型的制作；③女性四肢模型的制作。注意在制作女性人体结构比例结构的时候，对参照人体参考图的结构进行合理的调整。女性人体原画参考如图2-13所示。

图2-13　女性人体原画参考

2.3.1　女性人体的模型制作

　　女性人体模型属于换装结构的模型，根据角色制作的顺序首先对头部的模型结构进行准确定位，因头部模型是角色制作中最为重要的，身体及四肢都是以头部的比例作为衡量的参照，因此我们只需要完成头部的基础模型，就可以对整个角色的模型进行逐步调整及细化。接下来我们就根据原画参考图的结构造型特点进入模型的制作过程。

　　1. 头部模型结构制作

　　（1）首先打开3ds Max2017进入操作面板，激活视窗，在制作之前对Max的单位尺寸进行基础设置，以便在后续制作完成输出的时候，导出的人物、建筑或物件资源大小与程序应用尺寸互相匹配，单位尺寸基础设置如图2-14所示。

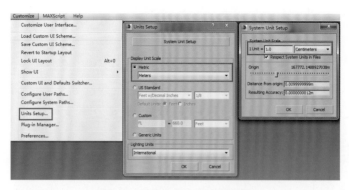

图2-14 单位尺寸基础设置

（2）单击 创建面板，激活Box（长方体）按钮，在Perspective（透视图）坐标中心单击开始创建长方体作为头部的基础模型，设置长方体的基础参数。如图2-15所示。同时在命令栏激活 移动键，右键XYZ轴，设置坐标为零，如图2-16所示。

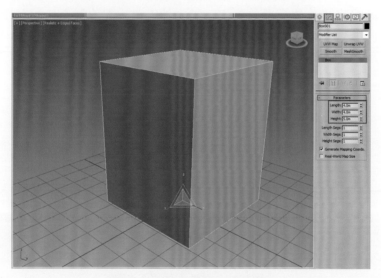

图2-15 创建基础长方形模型

图2-16 长方体物体坐标归零

（3）分别在各个视图调整长方体的视窗显示大小。然后在模型上单击右键，弹出对话框中单击转换按钮，单击Convert Editable Poly转化按钮，将标准长方体转化成可编辑的多边形（Poly）物体，如图2-17所示。

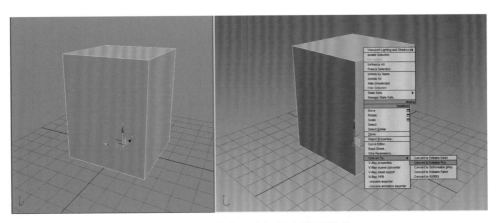

图2-17 转换成可编辑的多边形物体

（4）给创建的长方体命名为"头部"，进入 ⬚（修改）面板，在下拉菜单中选择 MeshSmooth（光滑）命令，设置光滑显示的级别为2，如图2-18所示，转换头部基础模型为可编辑的多边形模型，得到网格布线比较合理的多边形头部基础模型。同时调整中心轴的位置坐标到中心。细分光滑头部模型效果如图2-19所示。

图2-18 MeshSmooth（光滑）参数设置

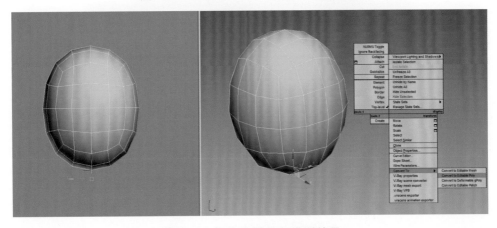

图2-19 细分光滑头部模型效果

（5）对细分的头部基础模型结合多边形模型制作及编辑的技巧，制作头部大体的结构。进入 ⬚（修改）面板，在下拉菜单中选择FFD4×4×4（变形器），对变形器进行基础设置。如图2-20所示。进入到Control Points（控制点）变形器模式，运用 ⬚（选择并移动）、⬚（选择并缩放）键分别在前视图及侧视图对头部正面及侧面的结构进行调整，注意多结合女性角色头部模型的造型调整控制点的位置变化，如图2-21及图2-22所示。

提示：在运用FFD4×4×4（变形器）编辑头部的时候，要特别注意头部额头、下巴、后脑勺三个制高点的结构变化，以便于后续制作五官结构时更好地进行定位。

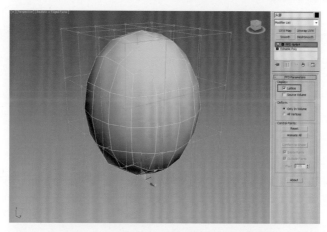

图2-20　FFD4x4x4（变形器）基础设置

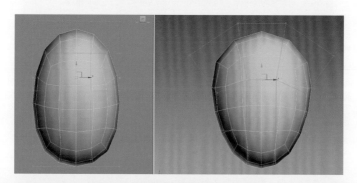

图2-21　头部正面模型大体调整

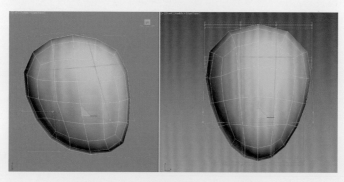

图2-22　头部侧面模型大体调整

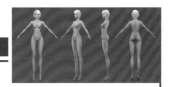

（6）转换头部模型为可编辑的多边形，激活前视图，进入到■（面层级）模式，选择左边的面进行删除，为便于头部模型在制作时进行准确结构定位，我们采用同步关联镜像复制的操作技巧进行模型编辑，在菜单栏选择█（镜像复制）按钮，在弹出的菜单栏设置镜像复制的模式为Instance（关联复制，得到左侧的基础模型，如图2-23所示。

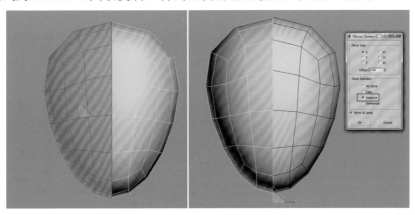

图2-23　头部模型镜像复制制作

（7）根据女性头部模型结构造型的特点，接下来开始对头部模型五官的基础结构进行编辑，进入█（点层级）模式。结合█（选择并移动）命令，对头部额头、鼻子、下巴的大体结构进行准确定位，注意从正面、侧面对头部模型的结构进行微调。如图2-24所示。在模型上右击，在弹出的快捷命令栏选择Cut（剪切）命令，对鼻尖及额头部分的结构进一步地刻画，同时进行点、线结构位置的适当调整。如图2-25所示。

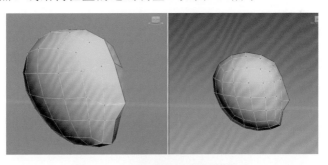

图2-24　头部外部结构大体定位

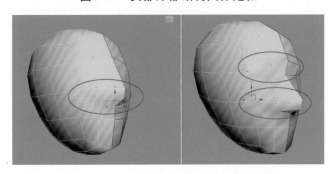

图2-25　鼻子及额头大体形体结构调整

（8）给头部模型添加Smooth（光滑）命令，进入 （点层级）模式，对脸部鼻子及眉弓的结构从正面、侧面进行细节的调整，运用Cut（剪切）命令逐步添加五官部分结构细节，得到比较明确的头部大体结构。如图2-26所示。

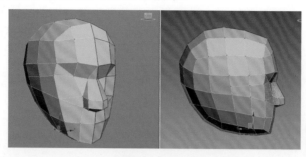

图2-26　脸部大体模型结构调整

（9）根据女性头部模型结构造型的特点，接下来开始对头部模型五官的基础结构进行编辑，进入 （点层级）模式。结合 （选择并移动）命令，对头部额头、鼻子、下巴的大体结构进行准确定位，注意从正面、侧面对头部模型的结构进行微调。如图2-27所示。在模型上右击，在弹出的快捷命令栏选择Cut（剪切）命令，对嘴部的结构进行进一步的刻画，同时进行点、线结构位置的适当调整，如图2-28所示。

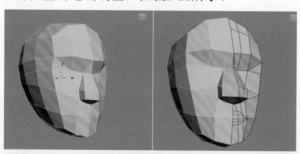

图2-27　对头部模型结构微调

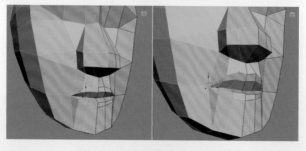

图2-28　嘴部模型大体制作

（10）在完成嘴部模型大体结构后，接下来继续根据嘴部口轮匝肌的结构运用剪切命令添加线段，注意结合嘴部结构进行线段的添加。如图2-29所示。进入 （点层级）模式，对嘴部唇中线、上下嘴唇、嘴角的形态结构进行细节的刻画，同时结合人中及鼻子的结构从正面及侧面进行细节的调整，如图2-30所示。

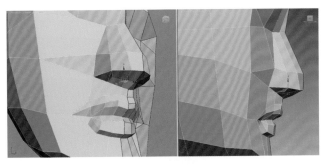

图2-29　嘴部口轮匝肌结构线段调整

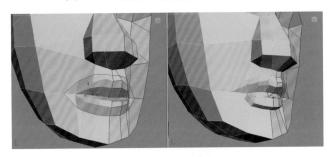

图2-30　嘴部正面及侧面细节刻画调整

（11）在完成嘴部的细节刻画后，继续对鼻子的结构进行整体的刻画。进入 ■（点层级）模式，运用Cut（剪切）命令对鼻翼、鼻头、鼻根的形体结构进行细节的刻画，注意结合女性鼻部原画示意图的结构进行结构线的添加，如图2-31所示。结合鼻底及鼻翼的整体模型结构变化，对鼻孔及鼻根中部造型结构进行线段的添加，注意从前视图及侧视图来观察及调整添加鼻部与嘴部形体的变化，如图2-32所示。

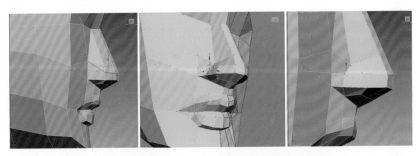

图2-31　鼻头、鼻翼形体结构的刻画

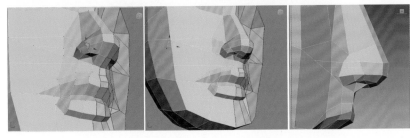

图2-32　鼻底、鼻孔及鼻翼形体结构细化效果

（12）进入 ▫（点层级）模式，继续完成鼻根、鼻梁骨模型结构的细节刻画，注意在刻画鼻根模型造型的时候，从透视图、侧视图反复调整鼻部整体模型的结构变化，要特别注意处理好鼻根与内眼角结构的衔接关系，如图2-33所示。

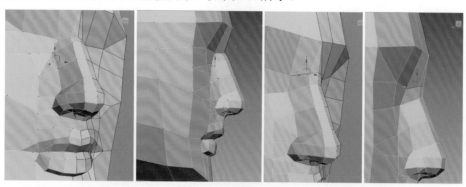

图2-33　鼻根、鼻梁整体模型细节刻画

（13）结合鼻底结构继续对眉弓的布线进行细节刻画。继续单击Cut（剪切）命令对眉弓内侧的模型布线进行调整，进入 ▫（点层级）模式，运用 ▦（选择并移动）命令对眉弓的结构结合眼眶及鼻部的结构进行整体调整，如图2-34及图2-35所示。

图2-34　眉弓的布线大体结构调整

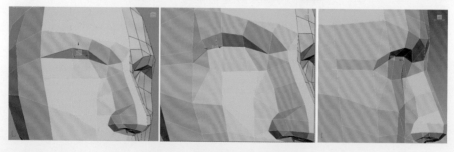

图2-35　眉弓结构的细节刻画

（14）眼睛部位的结构与眉弓是紧密关联在一起的，眼睛主要有上眼睑、下眼睑、内外眼角、眼球瞳孔等多个部位组合而成，是脸部五官结构造型最富有表现的部位，在添加线段进行各个部位结构细节刻画的时候，要从不同的视图进行反复的调整，如图2-36所示。在刻画眼睛内部结构造型的时候，多参照提供的原画参考图片对上下眼睑及眼球的模型结构进行精细的刻画，如图2-37所示。

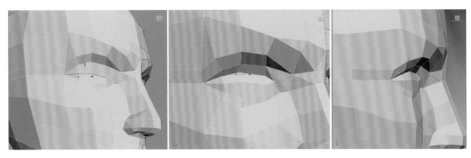

图2-36　眼睛结构造型细节刻画

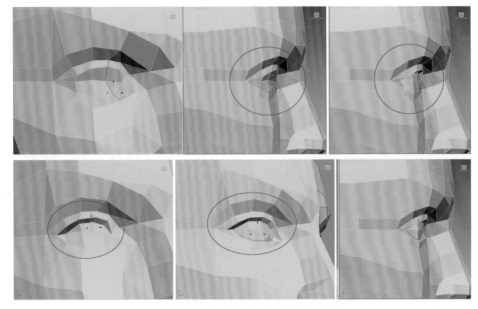

图2-37　眼睛结构造型细节刻画效果

（15）在制作完成脸部正面五官的模型细节造型后，根据头部整体造型的特点，继续对头部侧面、后脑勺及下巴与脖子连接部位的模型结构进行准确定位，运用Cut（剪切）命令添加线段，制作下巴转折部分的模型结构，单击 ▦（选择并移动）命令结合透视图、侧视图对添加的下巴部分的大转折结构进行编辑，如图2-38所示。结合嘴部、下颌角的肌肉结构走向进行点线面结构的细节刻画，如图2-39所示。

图2-38　下巴大体结构制作

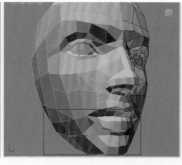

图2-39　下颌角结构造型细节调整

（16）在调整完成下颌角模型的结构造型后，结合颈部的结构造型变化，进入■（面层级）模式，选择颈部的面进行删除，从各个视图对根据颈部的结构进行点线面的结构调整。特别是注意后脑勺部分模型结构的变化，如图2-40所示。

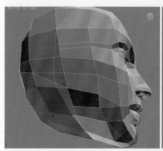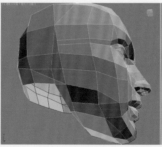

图2-40　颈部基础模型结构调整

（17）接下来结合头部侧面脸部的结构对模型的线段进行合理的调整，运用Cut（剪切）命令对侧面耳朵的结构线进行明确的定位，制作出耳朵的大体结构，注意要结合"三庭五眼"结构变化对点线面进行合理的结构调整，如图2-41所示。

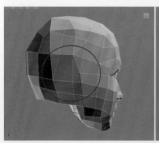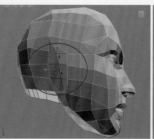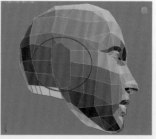

图2-41　耳朵结构大体制作

（18）进入■（修改）面板，激活■（面层级）模式，选择耳朵的面，在下拉菜单中激活Extrude（挤压）命令，对耳朵的面进行挤压拉伸，制作出耳朵的厚度，同时运用◎（选择并旋转）命令，沿着"Z"轴旋转一定的角度，得到耳朵大体结构造型，如图2-42所示。

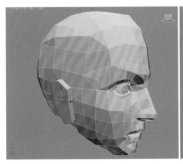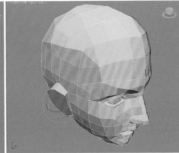

图2-42 耳朵大体结构造型制作

（19）根据耳朵结构变化，对耳朵与脸部衔接部位的点线进行合并及位置的调整，特别处理好与颈部、后脑勺及下颌角部位的结构造型变化。特别注意男性与女性头部整体结构造型的区分，如图2-43所示。进入 ✐（修改）面板，在下拉菜单中选择Meshsmooth（光滑）命令，设置光滑参数级别为"2"。对制作完成的头部模型执行光滑显示效果，如图2-44所示。

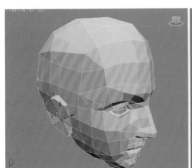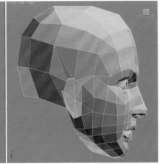

图2-43 头部模型整体结构调整

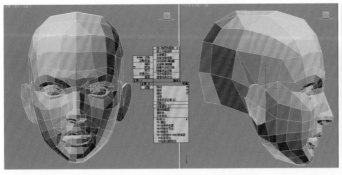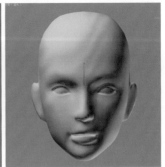

图2-44 头部模型光滑显示效果

注意：此部分我们按照游戏人体角色制作的流程及规范要求，来讲解制作步骤及制作技巧，在模型细节制作上要受到面数、贴图大小等的约束，因此对有些模型结构表现不是很重要的部位在制作上尽量简明扼要。

2. 身体模型结构制作

（1）进入 ✐（修改）面板，在透视图创建长方体基础模型，结合前面的制作思路，对长方体模型进行位置坐标的归位，同时结合身体的比例结构对长方体长宽高的参数进行设置，右击快捷栏转换长方体为可编辑的多边形物体，如图2-45所示。

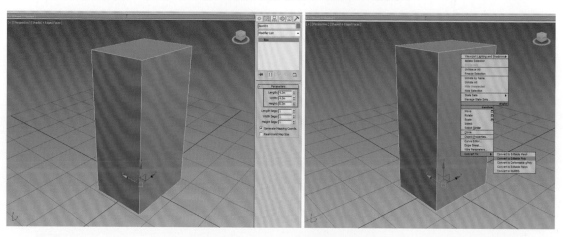

图2-45　身体长方体基础模型创建

（2）进入 ✐（修改）面板，在下拉菜单中选择MeshSmooth（光滑）命令中设置光滑的显示的级别为2。转换长方体基础模型为可编辑的多边形模型，得到网格布线比较合理的多边形身体基础模型，如图2-46所示。

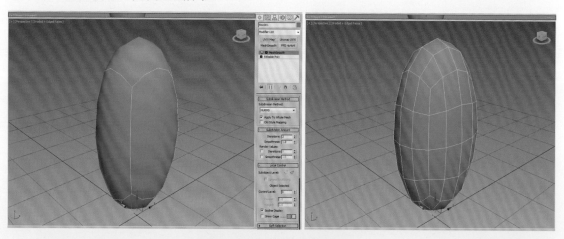

图2-46　身体模型光滑设置

（3）结合多边形模型制作及编辑的技巧制作身体大体的造型。进入 ✐（修改）面板，在下拉菜单中选择FFD4×4×4（变形器），在前视图对FFD变形器进行基础的身体造型调整，如图2-47所示。进入到Control Points（控制点）变形器模式，运用✥（选择并移动）、▤（选择并缩放）键分别在前视图及侧视图对身体正面及侧面的结构进行调整，注意多结合女性角色身体模型的造型调整控制点的位置变化，如图2-48所示，

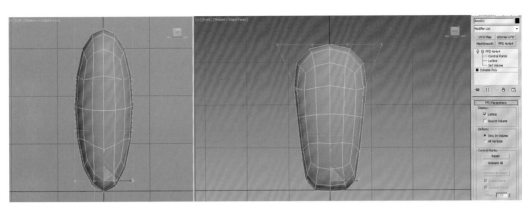

图2-47 FFD4×4×4（变形器）基础结构调整

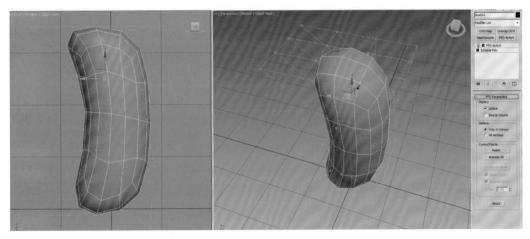

图2-48 身体模型大体调整效果

（4）转换身体模型为可编辑的多边形，激活前视图，进入到 ■（面层级）模式，选择左边的面进行删除，为便于身体模型在制作时进行准确结构定位，采用同步关联镜像复制的操作技巧进行身体模型编辑，单击 ■（镜像复制）按钮，在弹出的菜单栏设置镜像复制的模式为Instance（关联复制），完成身体基础模型同步定位，如图2-49所示。

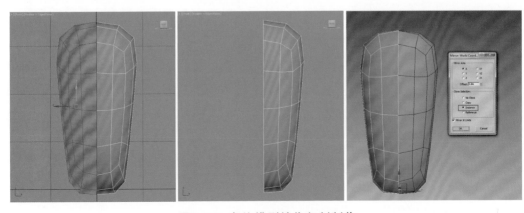

图2-49 身体模型镜像复制制作

（5）根据女性身体模型结构造型的特点，接下来开始对身体胸部、腰部、臀部的大体基础结构进行编辑。首先给模型中间位置添加两道线段，进入 （点层级）模式，结合 （选择并移动）命令，对身体腰部、肩部及臀部的大体结构从正面进行点线面结构的调整，如图2-50所示。再次从侧面对身体腰部、臀部及肩部的结构根据女性曲线的结构造型进行点、线结构位置的适当调整，如图2-51所示。

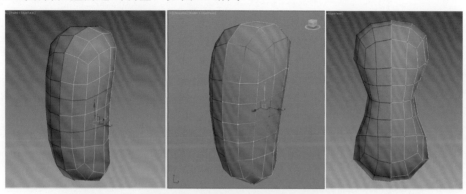

图2-50　身体模型正面结构调整

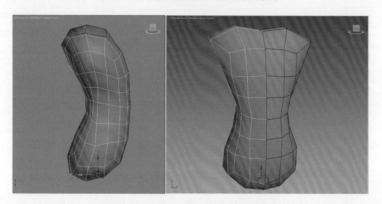

图2-51　身体侧面模型结构调整

（6）进入 （点层级）模式，结合 （选择并移动）命令，根据身体胸部、腰部及臀部的大体结构进行点、线结构位置的适调整，注意女性胸部最高点及背面腰部最低点模型结构线的细节刻画，如图2-52所示。

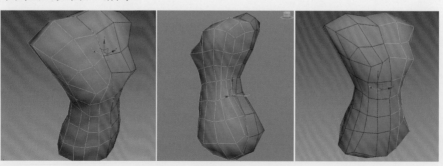

图2-52　传送带基础模型创建

（7）继续完成身体大体的模型结构后，进入 ◁（边层级）模式，运用Cut（剪切）工具在颈部添加结构线段。进入 ▣（面层级）模式，选择颈部的面。单击Delete删除选择的面，如图2-53所示。同时运用多边形编辑技巧对颈部的点线面进行细节的调整，注意要结合肩部、胸部的整体结构进行合理的编辑，如图2-54所示。

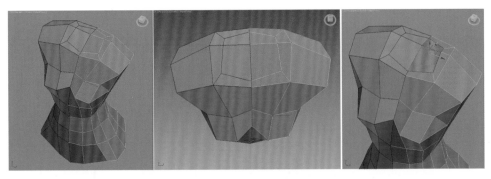

图2-53　添加颈部结构线线段

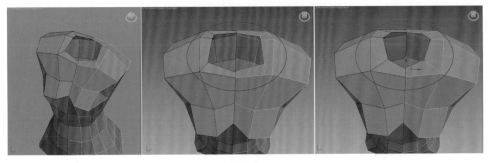

图2-54　颈部结构细节调整

（8）结合前面的制作思路继续完善肩部基础模型结构编辑，注意在编辑肩部模型时要根据肩部及胸部的结构造型进行合理调整，调整肩部与手臂连接部分的关节点，同时进入 ▣（面层级）模式，选择肩部转折面进行删除，得到肩部的大体结构造型，如图2-55所示。

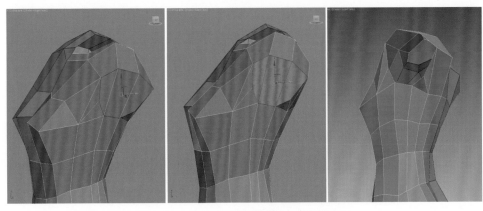

图2-55　肩部与手臂连接部分模型制作

（9）继续对腿部结构进行线段的添加及调整，特别要处理好大腿根部及内侧裆部结构线的位置关系，结合前面的制作思路选择腿部的面进行删除，根据女性腿部及臀部造型的特点结合多边形编辑技巧，进行整体模型结构的细节刻画，如图2-56所示。

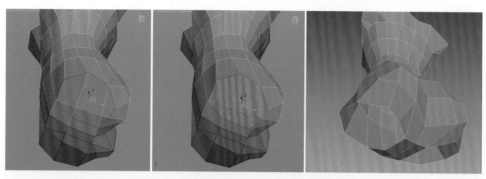

图2-56　腿部整体结构造型细节刻画

（10）进入模型女性身体最关键的部位——胸部结构的细节刻画。进入 ◁（边层级）模式，结合胸部肌肉结构的变化，运用Cut（剪切）工具在胸部乳房添加结构造型，使用 ✛（选择并移动）命令对胸部的内侧及外侧的结构线进行细节调整，如图2-57所示。

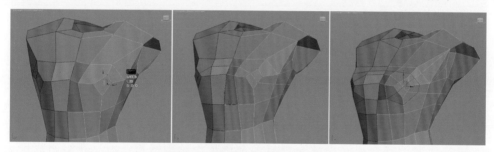

图2-57　胸部结构线形体调整

（11）接下来继续对胸部模型乳房结构线的细节刻画，为便于观察，对材质球的色彩适度进行调整，注意在添加胸部线段的时候要结合女性的结构造型进行整体调整。从不同视图反复调整胸部正面及侧面的造型变化，使得乳房的结构看起来更圆润。特别对乳沟内部结构线段的刻画调整要准确到位，如图2-58及图2-59所示。

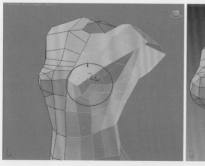

图2-58　胸部模型结构线细节刻画

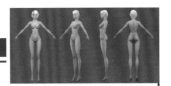

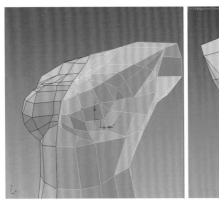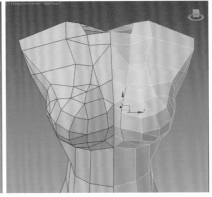

图2-59　乳沟内侧模型结构调整

（12）继续对乳房外侧的模型结构进行细节的刻画，结合女性人体结构特点对胸部及腋窝的结构添加线段并进行调整，如图2-60所示。根据女性胸部的造型特点及结构定位，对锁骨、肩部及腋窝结构进行结构线的细节调整，如图2-61所示。

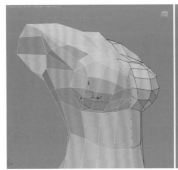

图2-60　乳房外侧模型结构调整

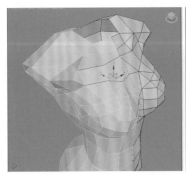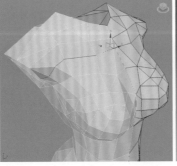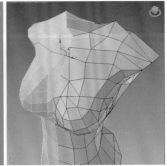

图2-61　胸部锁骨结构调整

（13）在完成胸部整体模型结构制作后，进入 ◁（边层级）模式，运用Cut（剪切）工具继续对肩部的结构进行进一步的刻画，结合肩膀骨骼及肌肉的结构走向进行布线的调整，如图2-62所示。在编辑肩部造型的时候，要注意与男性角色肩膀结构的区分，同时结合手臂结构进行点线面的合理调整，如图2-63所示。

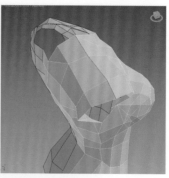

图2-62　肩部结构线段添加

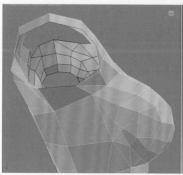
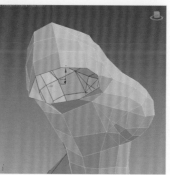

图2-63　肩部结构线合理调整

（14）根据女性身体造型的特点，对腰部的模型结构进行细节的刻画，在调整腰部结构时要从各个视图反复调整正面及侧面的模型结构，把握好与胸部之间的曲线变化，如图2-64所示。

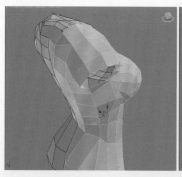
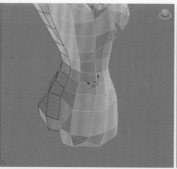
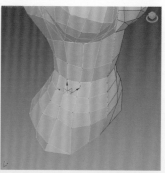

图2-64　腰部模型结构调整

（15）继续对人体臀部的结构进行模型结构的细节刻画，注意在表现女性人体臀部的结构要结合腰部的结构整体进行调整，特别要注意背面臀部与大腿根部模型转折部分结构线段的合理布局，如图2-65所示。从前视图及侧视图对女性身体的模型进行整体的调整，通过光滑显示检查模型结构布线及结构是否合理，反复进行身体结构的调整，如图2-66所示。

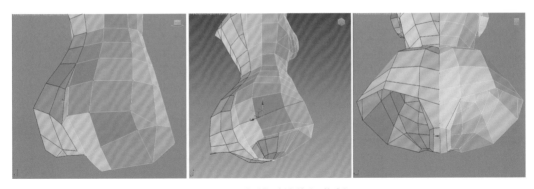

图2-65　臀部模型结构细节刻画

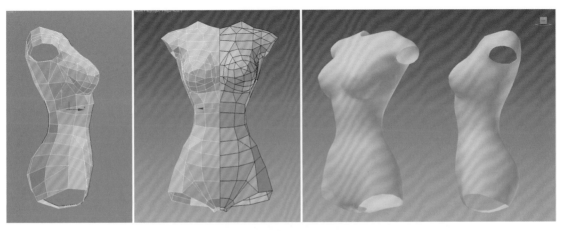

图2-66　身体模型整体调整及显示效果

（16）在完成身体模型结构之后，继续对身体手臂的模型结构进行细节的刻画，进入 ◁（边层级）模式，选择手臂的边，在 ▨（修改）下拉菜单中选择Extrude（挤压）命令。沿着手臂的结构挤压出上臂的前段大体结构，从透视图的各个角度进行模型线段的位置调整。单击 ◌（选择并旋转）命令，对拉伸出来的线段按照手臂结构进行一定角度的旋转，如图2-67所示。再次执行Extrude（挤压）命令，挤压上臂中段的模型结构的并运用 ▨（选择并缩放）命令对挤压出的线段进行缩放，逐步完善上臂的模型结构，如图2-68所示。

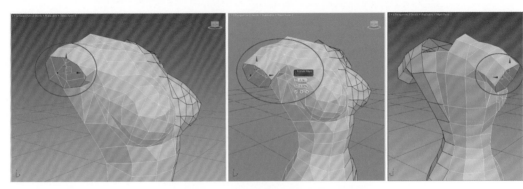

图2-67　上臂前段模型结构挤压效果

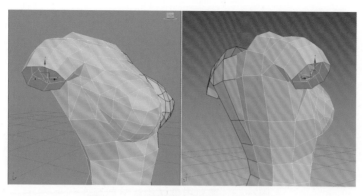

图2-68　手臂模型结构进一步制作

（17）再次执行Extrude（挤压）命令，挤压上臂中段的模型结构，调整挤压线段的位置，并运用▣（选择并缩放）命令对挤压出的线段进行缩放，得到明确上臂形体结构模型，如图2-69所示。再次执行线段挤压命令，继续挤压出上臂部分的模型结构，并对线段进行缩放及位置合理的调整，如图2-70所示。

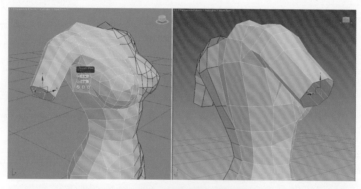

图2-69　上臂中部模型结构挤压效果

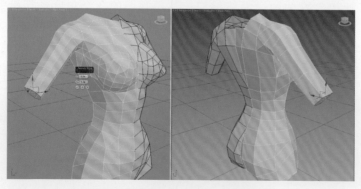

图2-70　手臂关节部位模型挤压

（18）结合女性手臂整体造型的特点，结合前面制作的思路继续完成上臂与前臂关节部分的模型结构，继续选择挤压的边，根据关节的造型及布线要求进行细节的调整，如图2-71所示。

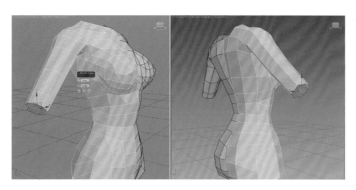

图2-71　手臂关节模型结构调整效果

（19）结合上臂模型的制作技巧，继续对手臂的外边进行挤压，逐步完成前臂的模型结构，在挤压前臂中部结构的时候，结合🔲（选择并缩放）命令进行缩放，如图2-72所示。继续挤压前臂部分的结构线段，拉伸线段制作前臂前段位置并对线段进行缩放，调整到合适的大小，如图2-73所示。

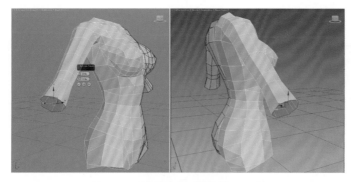

图2-72　前臂中部模型挤压调整

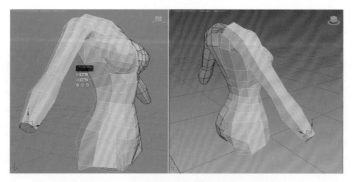

图2-73　前臂模型结构的调整效果

（20）继续完成手腕结构的模型，手腕部分是角色换装模型中关键的环节，在进行线段挤压时要尽量保持前臂布线结构的合理性，同时与上臂结构保持一致，如图2-74所示。给身体模型整体添加Meshsmooth（细分）命令，进一步检查模型结构的合理性，如图2-75所示。

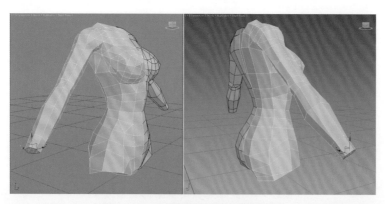

图2-74　手腕模型结构调整效果

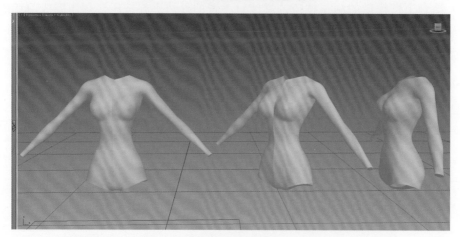

图2-75　身体模型光滑显示效果

（21）在完成身体主体模型的细节刻画制作后，接下来继续对手部的模型结构进行细节制作，首先运用多边形编辑技巧对手掌部分模型进行线段的挤压，并运用移动、缩放工具对点线面进行细节的调整，如图2-76所示。

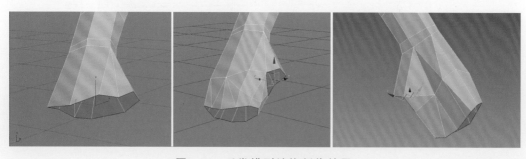

图2-76　手掌模型结构制作效果

（22）根据手掌造型特点，进入手指局部模型的制作，因我们制作的规范要求是以游戏为主，在制作手部结构的时候尽量简洁概括，注意手指关节部分布线结构的变化。结合手掌整体造型完成大拇指结构的模型制作，如图2-77所示。

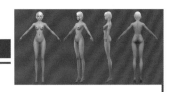

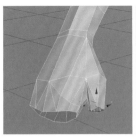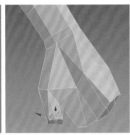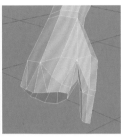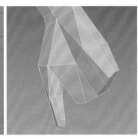

图2-77　大拇指模型结构制作

（23）根据手掌整体造型继续对食指模型结构的细节制作，注意在制作食指关节时要从正反两面进行细节的调整，处理好与大拇指、手掌模型之间的衔接比例关系，如图2-78所示。

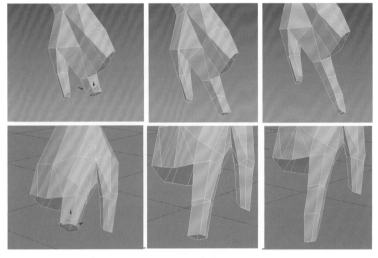

图2-78　食指模型结构细节制作

（24）结合食指模型制作的方法思路，进一步完成中指模型的结构造型，注意在制作时，中指在五指之间是最长的，从各个不同的视图对中指进行模型结构线进行反复调整，在保持与食指结构统一的同时也要注意拉开距离，如图2-79所示。

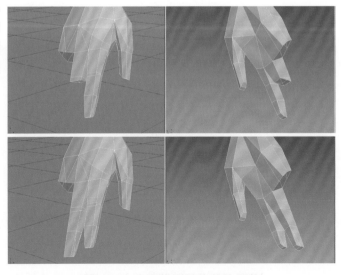

图2-79　中指模型结构整体调整

（25）同上制作思路，继续完成无名指模型结构的制作，从正面、反面对无名指的关节及长度结合其他手指进行整体调整，如图2-80所示。

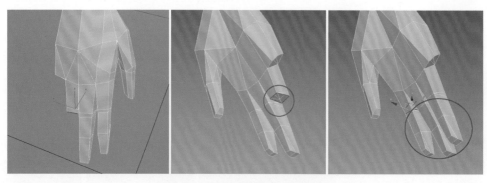

图2-80 无名指模型细节制作

（26）根据手部整体模型继续对小指模型结构的制作，在制作编辑模型结构时，注意结合其他四指的整体关节及长度变化进行合理的调整，处理好与手掌及无名指衔接部分的结构造型变化，如图2-81所示。

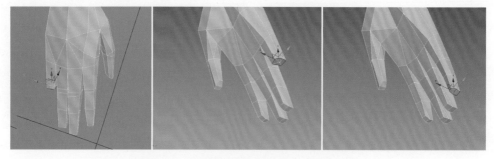

图2-81 小指模型制作及整体调整效果

（27）结合身体模型对肩关节、肘关节、腕关节及各个手指模型结构线根据女性身体的造型特点进行整体的刻画及调整，如图2-82所示。

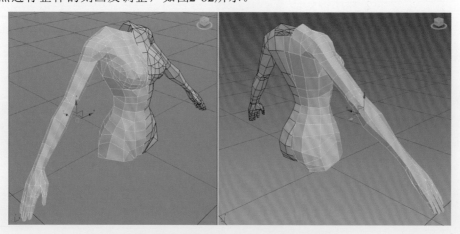

图2-82 手臂结合身体整体模型效果

（28）在完成女性上半身的模型之后，接下来继续完成下半身模型的制作，主要包括腿部、膝关节、脚部三个比较关键的部分，也是女性身高体型制作的关键。选择臀部接口处线段，进入 ◁（边层级）模式，选择臀部的边，在 ◪ 修改下拉菜单中选择Extrude（挤压）命令。沿着臀部的结构挤压出大腿的形体结构，从透视图的各个角度进行模型线段的调整。注意处理好与臀部模型结构的衔接关系，如图2-83所示。再次执行腿部结构线段拉伸调整，根据大腿的结构造型分别从不同视图反复调整大腿中部的外侧及内侧的结构，如图2-84所示。

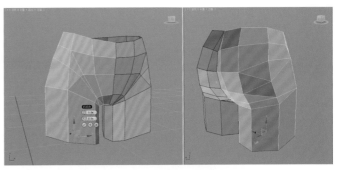

图2-83　大腿根部模型结构制作

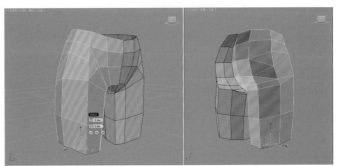

图2-84　大腿中部模型结构制作

（29）继续对大腿部分的模型结构进行进一步的细化，对挤压出的腿部线段结合 ▣（选择并缩放）命令根据女性腿部造型的特点进行整体结构调整。运用多边形编辑技巧反复调整大腿的结构，注意模型布线的合理性，如图2-85所示。

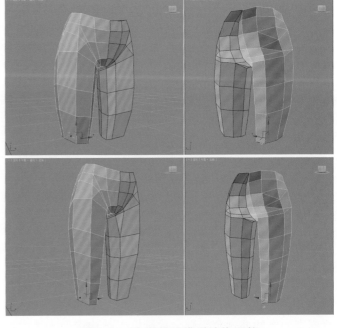

图2-85　大腿整体模型结构调整

（30）在完成大腿部分模型的结构制作后，继续对大腿与小腿衔接部分——膝关节的模型结构进行准确的定位，注意膝关节正面、背面模型结构线的合理分配，膝关节结构线合理安排对后续动画制作的表现比较关键，如图2-86所示。

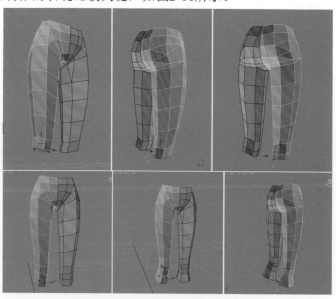

图2-86 膝关节模型结构调整效果

（31）接下来制作小腿部分模型的结构造型，在制作小腿模型结构的时候要注意背面小腿肚布线的变化，与大腿、膝关节整体模型结构布线进行调整，把握好女性小腿模型结构的特点，如图2-87所示。

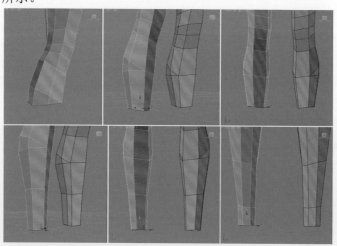

图2-87 小腿模型结构细节调整效果

（32）在完成小腿模型后，继续完成人体脚部的模型结构造型，脚部主要有踝关节及脚趾关节两个比较重要的组成部分，女性的脚部结构的表现也是后续制作动画关键的环节，对模型的布线要规范合理，尽量以大结构造型为主，如图2-88及图2-89所示。

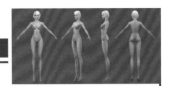

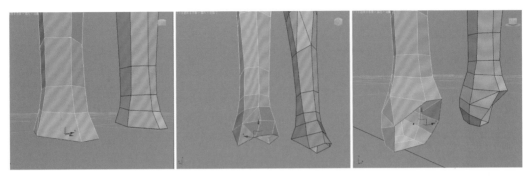

图2-88　踝关节模型结构制作

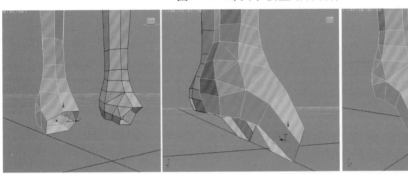

图2-89　脚趾部分模型制作

（33）在完成下半身整体模型结构制作后，结合上半身制作思路，给下半身模型添加Meshsmooth（细分）命令，检查模型结构布线的合理性及形体结构的准确性，如图2-90所示。

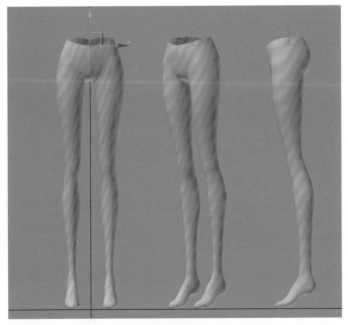

图2-90　下半身模型整体细分效果

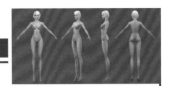第2章　女性标准人体模型制作

2.3.2 人体UVW的展开及编辑

在完成人体基础模型的模型细节制作之后，接下来开始按照三维角色的制作流程，对人体各个部分的模型结构进行UVW的编辑及排布。在对人体UVW进行编辑时，我们还是根据建模的整体思路逐步分解进行。

1. 头部模型的UVW展开

（1）激活头部的模型，给头部模型指定Planar（平面）坐标，对指定的坐标进行参数的设置，对头部的UVW根据模型结构进行展开，如图2-91所示。打开■材质编辑器，给轮子指定一个材质球，同时指定一个棋盘格作为基础材质，点击轮盘棋盘格纹理赋予给女性人体并设置棋盘格菜单栏中的基础参数，观察UVW是否合理，如图2-92所示。

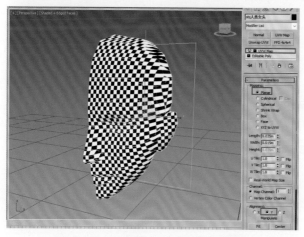

图2-91　头部Planar（平面）展开

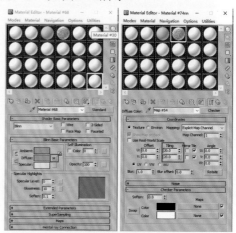

图2-92　棋盘格基础参数设置

（2）进入█（修改）面板█（面层级）模式。选择脸部曲面，打开修改器列表，执行修改器中的UVW Map命令，然后进入UVW Map的"面"层级，对脸部指定Planar（平面）坐标模式进行轴向调整，如图2-93所示。打开Unrap UVW编辑窗口，对脸部的UVW进行剪切，如图2-94所示。

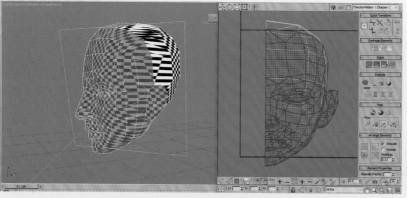

图2-93　脸部平面坐标及轴向指定

图2-94　UVW分离设置

（3）在UVW编辑窗口分别选择脸部正面、侧面及后脑勺的UVW进行分解，注意在分解头部模型UVW的时候要结合头部模型布线的结构进行合理分割，如图2-95所示。运用UNW编辑技巧对脸部正面及侧面的UV坐标进行展开，然后调整侧面棋盘格大小，尽量和正面的棋盘格大小适度匹配，对耳朵及后脑勺部分的UVW进行编辑，如图2-96所示。

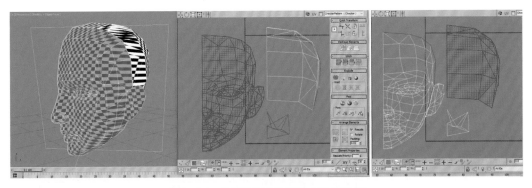

图2-95　头部正面及后脑勺UVW展开

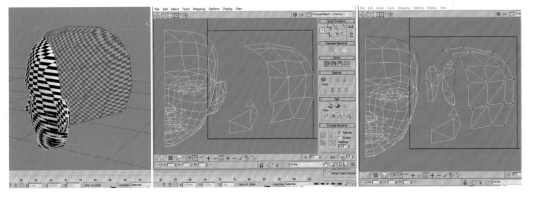

图2-96　头部UVW整体编辑效果

（4）接下来对头部整体的UVW坐标根据头部的模型结构进行细节的编辑及排列。注意对脸部侧面的UVW进行手动调整，结合棋盘格纹理对脸部、耳朵、后脑勺的UVW进行合理排列，尽量排满整个象限，如图2-97所示。

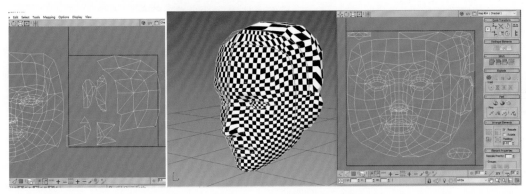

图2-97　头部Unrap UVW整体调整效果

第2章　女性标准人体模型制作

61

（5）接下来给胸部模型的UVW坐标按照前面的思路进行细节的编辑，注意此部分我们结合胸部模型制作思路，对胸部模型指定Planar（平面）坐标模式进行轴向的调整，如图2-98所示，结合头部UVW的编辑流程及技巧，对胸部正面及背面的UVW进行分离，如图2-99所示。

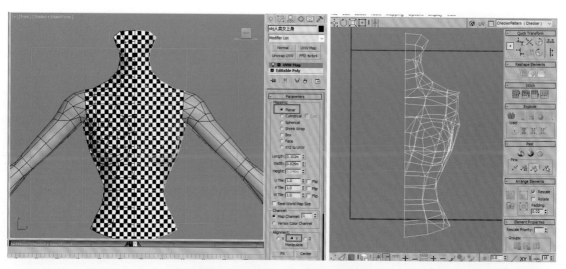

图2-98　胸部UVW坐标展开设置

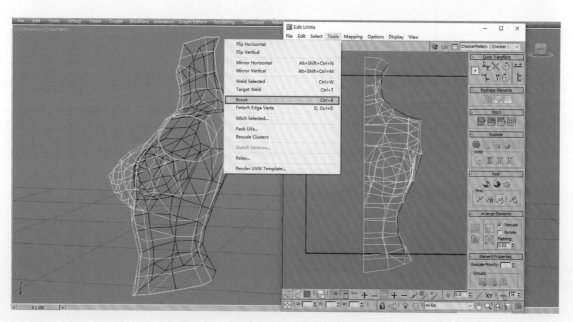

图2-99　胸部正面及背面UVW分离设置

（6）按照前面头部UVW编辑坐标的技巧及流程，对身体正面及背面UVW根据身体模型的结构进行UV的整体连接，注意侧面UVW点的衔接，然后适当地调整UVW的大小和位置，棋盘格最大限度以正方形为佳，如图2-100所示。

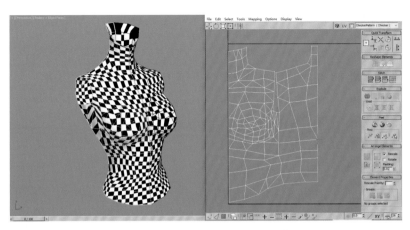

图2-100　身体整体UVW排列效果

（7）根据身体模型的造型特点，对手臂部分的模型进行UVW坐标展开编辑，给手臂模型指定Cylindrical（圆柱）坐标，再执行 ⟳（选择并旋转）命令，选择坐标轴到一定的角度，尽量保持与手臂模型方向一致，如图2-101所示。执行修改器中的"UVW展开"命令，然后进入"UVW展开"的"顶点"层级，使用　自由形式模式对手臂UV的点进行局部调整，让UV最大限度的不拉伸，如图2-102所示。

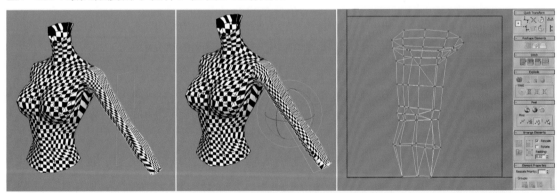

图2-101　手臂模型的UVW坐标展开

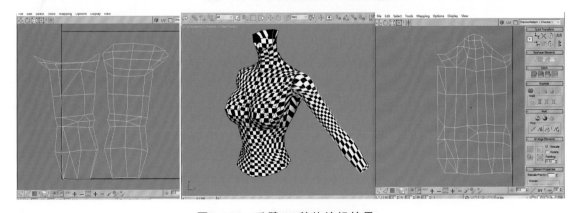

图2-102　手臂UVW整体编辑效果

第2章　女性标准人体模型制作

（8）在完成身体整体UV的编辑后，根据身体模型制作的结构造型定位，运用UVW编辑技巧对身体及手臂的UV进行合理编辑及排列，得到身体整体的UV效果，如图2-103所示。

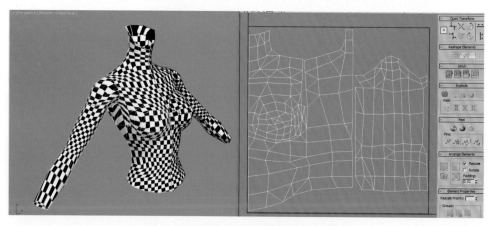

图2-103　身体主体UVW整体排列效果

（9）接下来给手部模型的UVW坐标按照前面的思路进行坐标展开，注意此部分我们结合手部的模型结构指定Planar（平面）坐标，并进行坐标轴向的旋转及适配，如图2-104所示，结合手部UVW的编辑流程及技巧，对手部正面及背面的UVW进行分离，同时结合手动调整对手心手背的UV进行合理的排列，如图2-105所示。

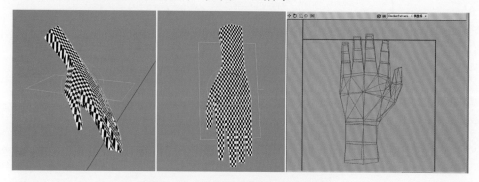

图2-104　手部UVW坐标指定及调整

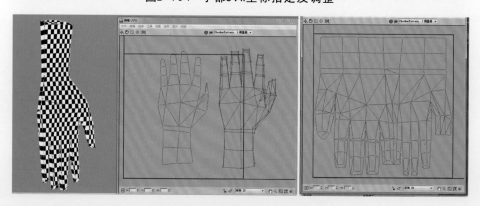

图2-105　手部UVW整体排列效果

（10）继续完成腿部UVW展开，根据腿部模型结构对正面及背面UVW结构进行合理的展开编辑，结合棋盘格纹理调整UVW长宽比，如图2-106所示。运用UVW编辑技巧对腿部内侧及外侧的UV进行手动调整，并对侧面UVW点进行合理的连接，注意接缝位置隐藏到内侧并调整UV的大小和位置到合适的位置，如图2-107所示。

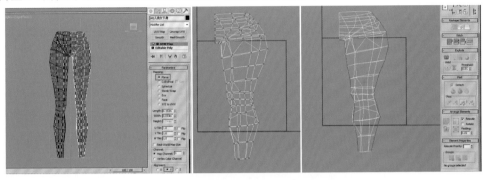

图2-106　腿部UVW展开及编辑效果

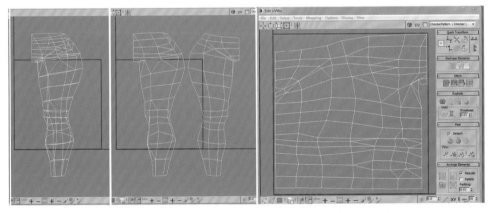

图2-107　腿部UVW整体编辑及排列效果

（11）接下来给脚部模型进行UVW坐标指定及按照前面的思路进行坐标展开，注意此部分我们结合脚部的模型结构指定Planar（平面）坐标，并进行坐标轴向的旋转及适配，如图2-108所示。结合腿部UVW的编辑技巧，对脚部外侧及内侧的UVW进行分离，结合手动调整对脚部的UV进行合理的排列，注意接缝位置合理安排到内侧位置，如图2-109所示。

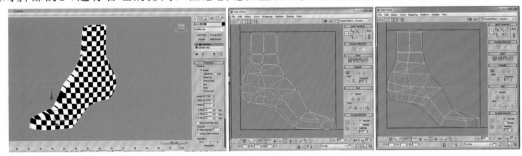

图2-108　脚部UVW坐标指定及调整

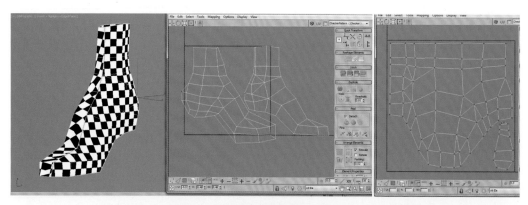

图2-109　脚部UVW整体排列效果

（12）对导入的头部模型进行UVW坐标的指定及编辑，结合上面排列技巧把头发各个组成部分的UV合理地排列象限空间，注意避免UV的重叠，如图2-110所示。

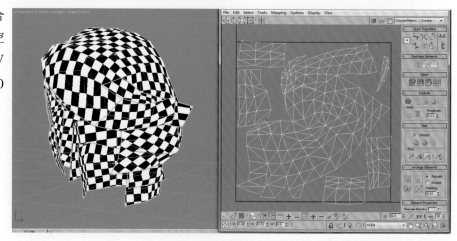

图2-110　头发UV排列效果

2.人体模型的UVW导出

（1）激活头部模型，进入Unrap UVW编辑窗口，在菜单栏选择Tool（工具）栏，在下拉菜单选择Render UVW栏，在弹出的窗口设置头部UVW输出的尺寸大小，如图2-111所示。对设置好的UVW指定规范的路径及命名进行输出，如图2-112所示。

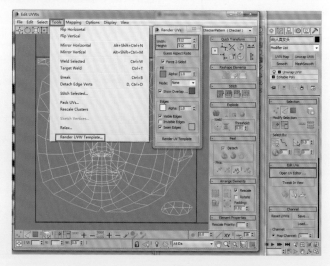

图2-111　头部UVW结构线输出设置

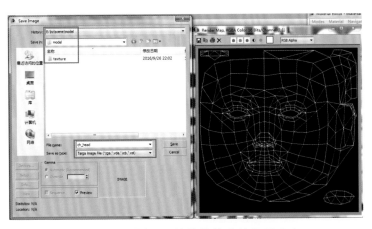

图2-112　头部UVW结构线输出路径及命名

（2）激活身体模型，进入Unrap UVW编辑窗口，在菜单栏选择Tool（工具）栏，在下拉菜单选择Render UVW栏，在弹出的窗口设置头部UVW输出的尺寸大小，如图2-113所示。对设置好的身体UVW指定规范的路径及命名进行输出，如图2-114所示。

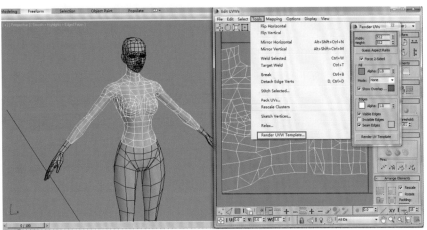

图2-113　身体UVW结构线输出设置

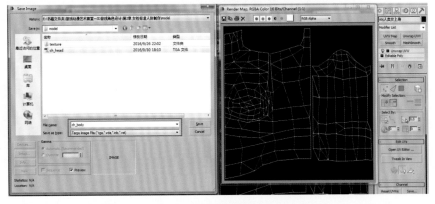

图2-114　身体UVW结构线输出设路径及命名

（3）激活腿部模型，进入Unrap UVW编辑窗口，在菜单栏选择Tool（工具）栏，在下拉菜单选择Render UVW栏，在弹出的窗口设置头部UVW输出的尺寸大小，如图2-115所示。对设置好的身体UVW指定规范的路径及命名进行输出，如图2-116所示。

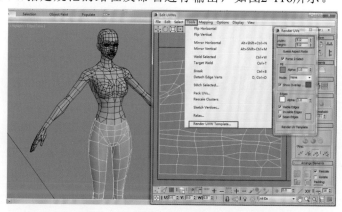

图2-115　腿部UVW结构线输出设置

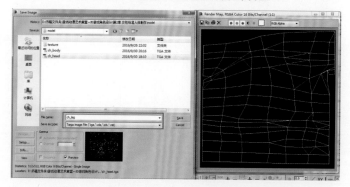

图2-116　腿部UVW结构线输出设路径及命名

（4）分别激活手部、脚部及头发模型，进入Unrap UVW编辑窗口，在菜单栏选择Tool（工具）栏，在下拉菜单选择Render UVW栏，在弹出的窗口设置头部UVW输出的尺寸大小。对设置好的身体UVW指定规范的路径及命名进行输出。如图2-117、图2-118及图2-119所示。

图2-117　手部UVW结构线输出设路径及命名

图2-118　脚部UVW结构线输出设路径及命名

图2-119　头发UVW结构线输出设路径及命名

2.4　人体模型材质绘制

在完成女性人体模型、UVW的整体制作及编辑之后，接下来开始进入人体材质的制作流程，制作人体材质流程整体上主要分解为三部分：①人体模型灯光设置；②人体明暗色调烘焙；③皮肤材质质感纹理绘制。

（1）进行环境光的设置。其方法是，执行菜单中的Environment and Effects命令（或按键盘上的8键），然后在弹出的Tint对话框中单击Ambient下的颜色按钮，在弹出的"Color Selecter（色彩选择）"对话框中将Tint中的Value调整到180，如图2-120所示。同上，将Ambient中的Value亮度调整为200。

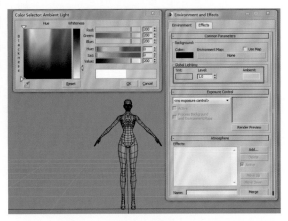

图2-120　进行环境参数的设置

69

（2）创建聚光灯。其方法是，单击 （创建）面板下 （灯光）中的Target Spot "聚光灯"按钮，然后在顶视图前方创建一个聚光灯作为主光源，调整双视图显示模式，切换到"透视图"调整聚光灯位置。根据人体皮肤材质属性的特点，结合模型结构对灯光的参数进行设置，如图2-121所示。

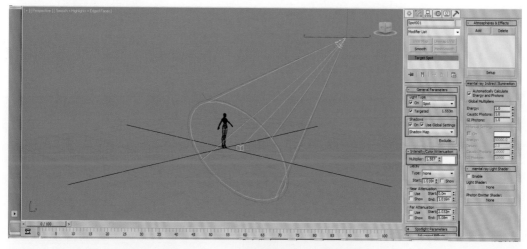

图2-121　人体灯光创建及位置调整

（3）人体模型环境辅光源（环境光、反光）的创建。其方法是，单击 （创建）面板下 （灯光）中的Skylight "天光灯"按钮，同时对辅光的参数进行适当的调整，如图2-122所示。

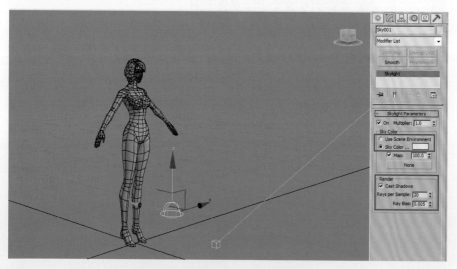

图2-122　调整日光灯基础参数

（4）人体模型背面环境辅光源（环境光、反光）的创建。其方法是，单击 （创建）面板下 （灯光）中的Omni "泛光灯"按钮，同时对辅光的参数及位置进行适当的调整，如图2-123所示。

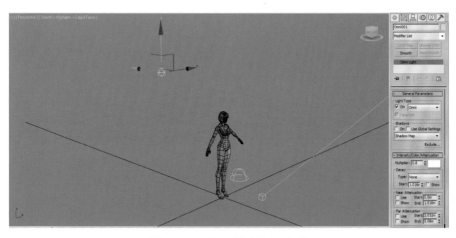

图2-123　背面辅光设置定位

（5）根据女性人体的结构造型变化及灯光参数设置，细节调整主光及各个辅光泛光灯参数。按键盘F10进行及时渲染，反复调整灯光的参数，并对渲染的尺寸进行设置，得到明暗色调比较丰富的人体明暗效果。注意复制几个不同角度的人体模型进行整体渲染。渲染女性人体效果如图2-124所示。

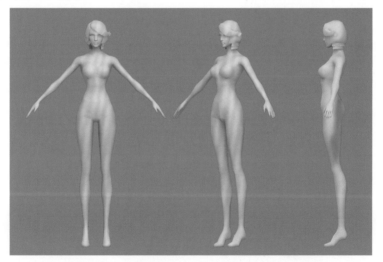

图2-124　女性人体灯光渲染效果

2.5　人体明暗色调烘焙

（1）首先选择人体头部模型，按键盘0键快捷键，打开"渲染到纹理"菜单栏，对菜单栏的基础参数进行设置，注意渲染设置包括渲染的尺寸大小、渲染的模式及渲染通道一定要正确，如图2-125所示。单击下面的Render按钮，在弹出的窗口选择继续，得到设置好灯光的头部明暗纹理贴图，如图2-126所示。

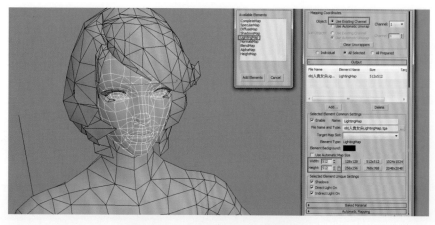

图2-125　头部纹理烘焙参数设置

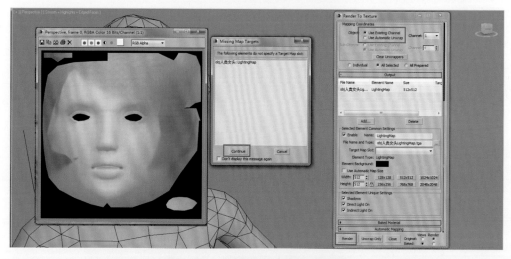

图2-126　头部明暗纹理渲染效果

（2）选择手臂模型，打开"渲染到纹理"菜单栏，对菜单栏的基础参数进行设置，注意渲染设置包括渲染的尺寸大小、渲染的模式及渲染通道一定要正确。单击Render按钮，得到设置好灯光的身体明暗纹理贴图，如图2-127所示。

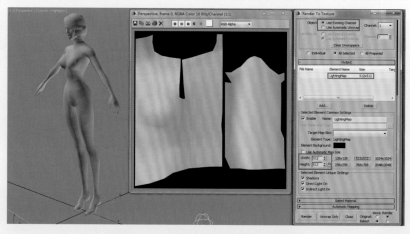

图2-127　身体纹理烘焙参数设置

（3）继续选择人体腿部模型，打开"渲染到纹理"菜单栏，对菜单栏的基础参数进行设置，渲染设置包括渲染的尺寸大小、渲染的模式及渲染通道一定要正确。单击Render按钮，得到设置好灯光的腿部明暗纹理贴图，如图2-128所示。

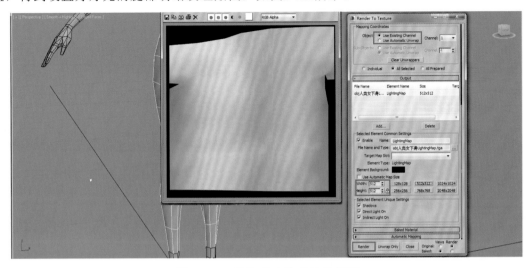

图2-128　腿部明暗纹理渲染效果

（4）再次选择人体手部及脚部的模型，打开"渲染到纹理"菜单栏，对菜单栏的基础参数进行设置，注意手部与脚部UVW的排布相对身体、头部利用率不一样，因此在设置渲染的尺寸大小、渲染的模式及渲染通道的参数时要适当调整。单击Render按钮，得到设置好灯光的手部及脚部明暗纹理贴图，如图2-129所示。

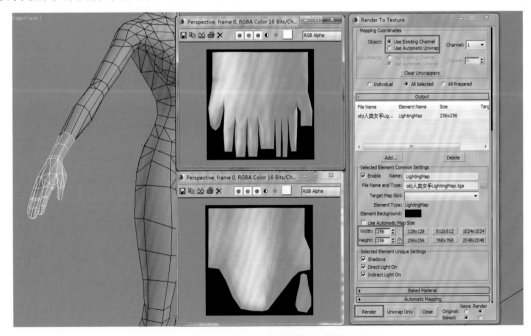

图2-129　手部及脚部纹理明暗烘焙效果

（5）选择头发模型，打开"渲染到纹理"菜单栏，对菜单栏的基础参数进行设置，渲染设置包括渲染的尺寸大小、渲染的模式及渲染通道一定要正确。单击Render按钮，得到设置好灯光的头发明暗纹理贴图，如图2-130所示。

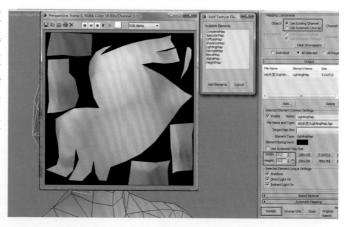

图2-130　头发明暗纹理渲染效果

2.6 人体皮肤纹理绘制

1. 头部皮肤纹理绘制

（1）激活Photoshop软件图标按钮，进入PS的绘制窗口，打开头部UV结构线，将结构线提取出来，单击菜单栏"选择"下面的"色彩范围"，选项设置为"反向"，单击"确定"按钮，得到线框的选取，如图2-131所示。对UV结构线选取进行填充，按住键盘上Ctrl+Delete键进行前景色的填充，得到底层和结构线分层PSD文件。同时打开前面烘焙的头部明暗纹理并保存PSD为"头部"文件，如图2-132所示。

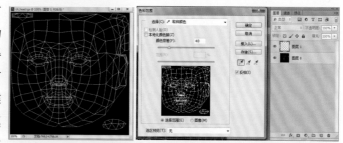

图2-131　头部UVW结构线提取

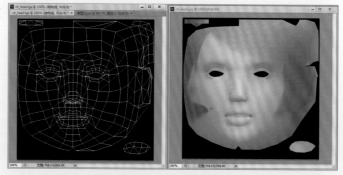

图2-132　头部UV结构线及烘焙分层文件

（2）按住Shift键拖动渲染输出的头部烘焙明暗纹理，放置到UV结构线图层的下面，作为基础纹理底层，再次按住Ctrl+M键对烘焙纹理进行明暗关系的调整，同时指定明暗纹理给头部的模型，得到头部贴图纹理大体模型显示效果，如图2-133所示。

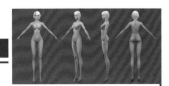

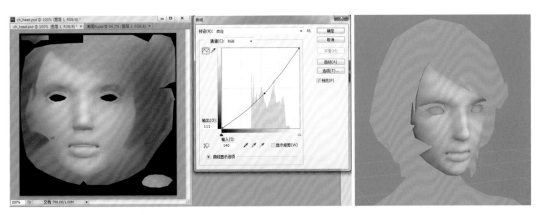

图2-133 头部绘制纹理模型显示效果

（3）激活头部图层通道栏，在头部明暗层上面新建图层，命名为"颜色"。单击工具
条 ■ 前景色进行皮肤基础色彩的设置。注意在选择皮肤基础色彩时色彩饱和度不能太高太
纯，以便于后续的明暗图层进行色彩的融合，如图2-134所示。

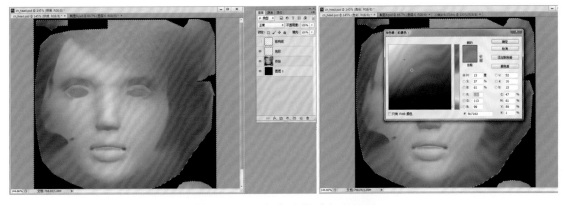

图2-134 头部皮肤基础色彩设置

（4）填充选定的皮肤色彩"颜色"图层，与前面烘焙出来的头部明暗纹理进行图层的
混合。设置皮肤纹理与明暗纹理的图层混合模式为"颜色"模式，得到整体的脸部纹理效
果，如图2-135所示。

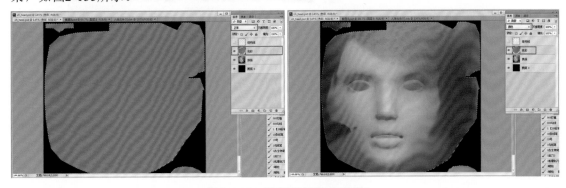

图2-135 脸部皮肤混合效果

（5）激活画笔工具，单击  工具按钮，在弹出的窗口中对画笔的各个选项根据绘制纹理的需要进行设置，如图2-136所示。在绘制头部皮肤的时候及时调整笔刷的大小及不透明度，反复刻画脸部皮肤过渡的色彩变化，同时结合3ds Max的头部模型显示效果进行细节的调整，更好地刻画脸部亮部及暗部的色彩关系，如图2-137所示。

图2-136　画笔选项设置

图2-137　脸部皮肤纹理大体绘制效果

（6）运用PS的色彩绘制技巧，对叠加的皮肤纹理及明暗纹理进行色彩明度、纯度、色彩饱和度细节的调整，接下来开始对脸部五官细节进行局部的刻画，首先对嘴唇的皮肤纹理运用PS的绘制技巧逐步进行分层刻画，如图2-138所示。

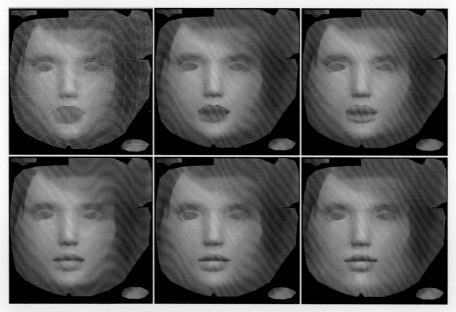

图2-138　嘴唇皮肤纹理细节刻画

（7）结合嘴唇皮肤质感的绘制技巧，对鼻子的皮肤亮部及暗部的整体色彩冷暖关系结合光源变化进行精细刻画。在刻画时注意运用不同的笔刷进行亮部及暗部的虚实关系及层次的变化，如图2-139所示。

图2-139 鼻子皮肤精细刻画效果

（8）接下来我们对女性眼睛纹理结构皮肤纹理细节进行精细的刻画，我们在细节刻画

眼睛纹理时可以从其他
部位的亮部及暗部吸取
色彩，对左侧眼睛色彩
明度、纯度、色彩饱和
度等关系进行细节的调
整及刻画，把握好眼睛
色彩冷暖变化及明暗效
果的表现，如图2-140
所示。把绘制好的头部
皮肤纹理指定给3ds
Max的头部模型，根据
光源变化对眼睛部分的
材质效果细节精细的刻
画及调整，如图2-141
所示。

图2-140 左侧眼睛纹理整体纹理刻画效果

图2-141 3ds Max的头部模型材质显示效果

（9）脸部UV属于对称式的排列方式，在绘制完成左侧眼睛部分的纹理后，对右侧眼睛

部分的纹理进行镜像复制，移动到合适
位置与UVW结构线进行准确对位，如图
2-142所示。根据人体头部模型的结构及
光影关系结合PS的绘制技巧对皮肤纹理
进行材质的精细整体刻画，把绘制好皮
肤纹理指定给头部模型，结合光源变化
进行材质整体调整，如图2-143所示。

图2-142 眼睛整体纹理细节刻画

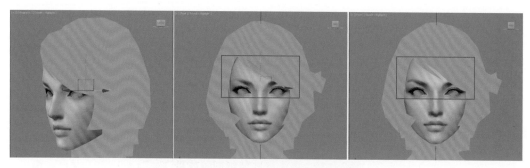

图2-143　头部模型纹理显示效果

（10）在绘制完成头部整体的皮肤纹理之后，根据脸部五官的整体特征变化。对眼珠部分（瞳孔、眼白、晶状体等）的纹理进行细节的刻画，注意结合头部的整体光影变化，对眼珠亮部及暗部的色彩明度、纯度及色彩饱和度进行细节的刻画，如图2-144所示，及时更新头部模型皮肤纹理显示效果。根据光源变化对眼睛部分的纹理细节进行精细的刻画，如图2-145所示。

图2-144　眼珠纹理细节刻画效果

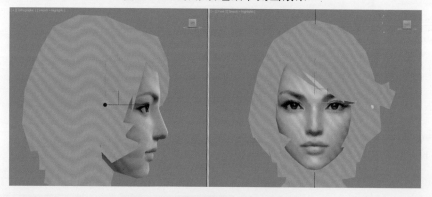

图2-145　头部整体纹理刻画效果

2. 身体皮肤纹理绘制

（1）打开身体部分的UV结构线，提取身体UV结构线。单击菜单栏"选择"下面的"色彩范围"，选项设置为"反向"，单击"确定"按钮，选中身体的线框，对UV结构线选取进行填充，按住键盘上Ctrl+Delete键进行前景色的填充，得到底层和结构线分层PSD文件，如图2-146所示。同时打开前面烘焙的身体明暗纹理并拖到线稿层的下面，保存PSD为"身体"文件。如图2-147所示。

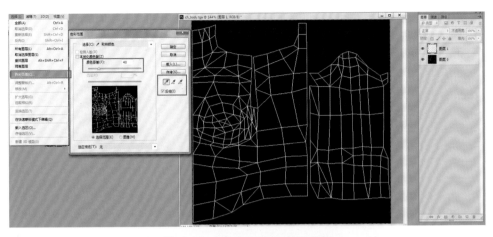

图2-146　身体UV线框图层分解

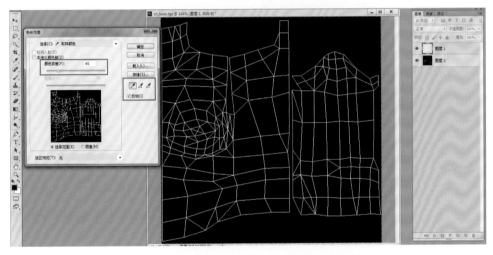

图2-147　身体UV结构线及模型烘焙纹理

（2）按住Shift键拖动渲染输出的身体烘焙明暗纹理放置到UV结构线图层的下面，作为基础纹理底层，再次按住"Ctrl+M"键对烘焙纹理进行明暗关系的调整，同时指定明暗纹理给身体的模型，得到身体贴图纹理大体模型显示效果，如图2-148所示。

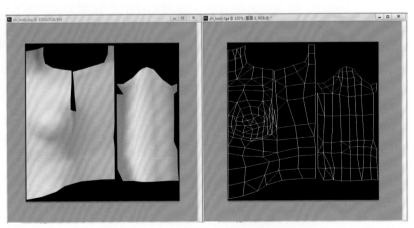

图2-148　身体烘焙纹理调整显示效果

（3）激活身体图层分层通道栏，在身体烘焙纹理层的上面新建图层，命名为"颜色"。单击工具条 ■ 前景色进行身体皮肤基础色彩的设置。结合头部色彩的整体变化，使用 ✎（吸笔）工具从头部吸取皮肤色彩作为身体的基础色彩，如图2-149所示。

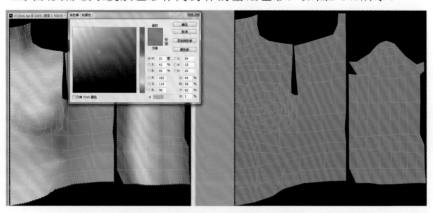

图2-149　身体皮肤基础色彩设置

（4）填充选定的皮肤色彩给"颜色"图层，与前面烘焙出来的身体明暗纹理进行图层的混合。设置皮肤纹理与明暗纹理的图层混合模式为"颜色"模式。运用不同的笔触对身体亮部及暗部的色彩进行绘制，特别是接缝位置的色彩变化，如图2-150所示。

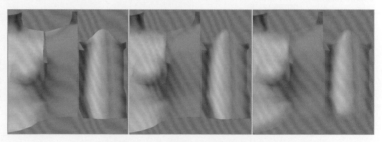

图2-150　身体皮肤混合效果

（5）激活画笔工具，调整笔刷的大小及不透明度变化，运用不同的笔触对皮肤纹理进行层次的绘制，反复刻画身体皮肤过渡的色彩变化。同时结合3ds Max的头部模型显示效果进行细节的刻画，注意处理好身体亮部及暗部的色彩关系，如图2-151所示。

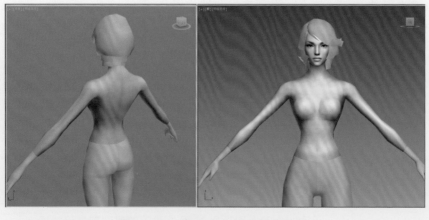

图2-151　身体皮肤纹理刻画效果

（6）运用PS的色彩绘制技巧，对身体皮肤的色彩纹理及烘焙纹理进行色彩明度、纯度、色彩饱和度细节的调整。结合环境的变化对皮肤亮部及暗部色彩关系进行细节的刻画，特别是乳房、腹部、手臂衔接部分的皮肤纹理运用不同的笔触进行分层刻画，如图2-152所示。

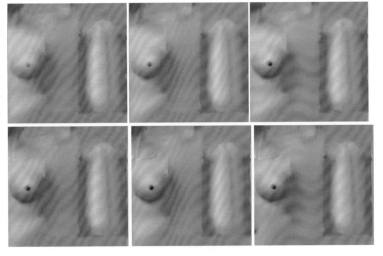

图2-152　身体皮肤纹理细节刻画

（7）根据胸部模型的结构及光源的变化，对身体胸部、腹部及手臂皮肤亮部及暗部的整体色彩冷暖关系结合笔触变化进行精细刻画。在刻画的时候注意运用不同的笔刷进行亮部及暗部的虚实关系及层次的变化，如图2-153所示。

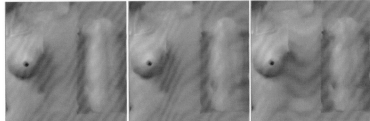

图2-153　身体皮肤纹理精细刻画效果

3.腿部皮肤纹理绘制

（1）打开腿部的UV结构线，按照前面的制作思路提取身体UV结构线。按住键盘上Ctrl+Delete键进行前景色的填充，得到底层和结构线分层PSD文件。同时打开前面烘焙的腿部明暗纹理并拖到线稿层的下面，保存PSD为"腿部"文件，如图2-154所示。

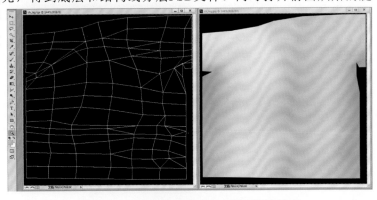

图2-154　腿部UV结构线及模型烘焙纹理

（2）按住Shift键拖动渲染输出的腿部烘焙明暗纹理放置到UV结构线图层的下面，作为基础纹理底层，再次按住Ctrl+M键对腿部烘焙纹理进行明暗关系的调整，同时指定明暗纹理给腿部的模型，得到贴图纹理大体模型显示效果，如图2-155所示。

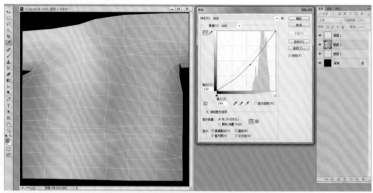

图2-155　腿部贴图纹理曲线调整

（3）激活身体图层分层通道栏，在腿部**烘焙纹理**层的上面新建图层，命名为"颜色"。单击工具条中■按钮进行腿部皮肤基础色彩的设置。结合身体色彩的整体变化，使用（吸笔）工具从身体吸取皮肤色彩作为腿部的基础色彩。填充选定的皮肤色彩给"颜色"图层，与前面烘焙出来的身体明暗纹理进行图层的混合，如图2-156所示。

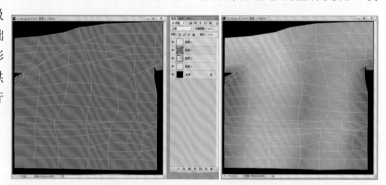

图2-156　腿部皮肤色彩混合效果

（4）根据腿部模型的结构及光源的变化，对腿部、臀部及大腿皮肤亮部及暗部的整体色彩冷暖关系结合笔触变化进行精细刻画。在刻画的时候注意运用不同的笔刷进行亮部及暗部的虚实关系及层次的变化。特别处理好腿部内侧接缝位置的色彩变化，如图2-157所示。

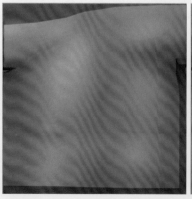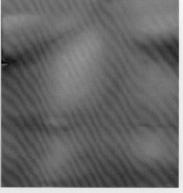

图2-157　身体皮肤混合效果

（5）把绘制好的头部皮肤纹理指定给3ds Max的头部模型，根据光源变化对腿部亮部及暗部色彩的明度、纯度及色彩冷暖关系进行细节的刻画，与头部、身体的色彩关系整体上进行统一调整，如图2-158所示。

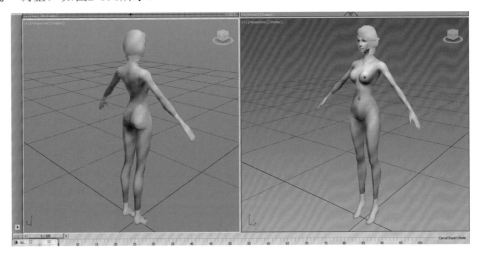

图2-158　整体调整皮肤纹理显示效果

4.手部皮肤纹理绘制

（1）打开手部的UV结构线，结合身体纹理的制作思路提取手部UV结构线，得到底层和结构线分层PSD文件。同时打开前面烘焙的手部明暗纹理并拖到线稿层的下面，保存PSD为"手部"文件，如图2-159所示。

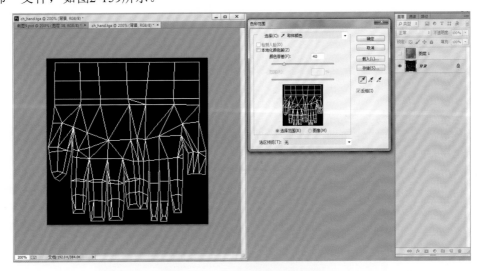

图2-159　手部UV结构线分解

（2）按住Shift键拖动渲染输出的手部烘焙明暗纹理放置到UV结构线图层的下面，作为基础纹理底层，再次按住Ctrl+M键对手部烘焙纹理进行明暗关系的调整，同时指定明暗纹理给手部的模型，得到手部贴图纹理大体模型显示效果，如图2-160所示。

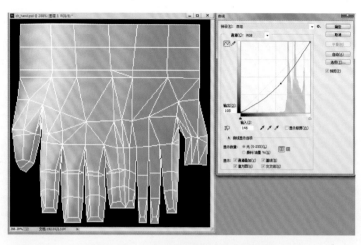

图2-160　手部烘焙纹理曲线调整

（3）激活身体图层分层通道栏，在手部烘焙纹理层的上面新建图层，命名为"颜色"。单击工具条■前景色进行腿部皮肤基础色彩的设置。结合身体色彩的整体变化，使用 ◢（吸笔）工具从身体吸取皮肤色彩作为手部的基础色彩。填充选定的皮肤色彩给"颜色"图层，与前面烘焙出来的手部明暗纹理进行图层的混合，如图2-161所示。

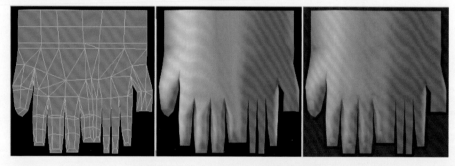

图2-161　手部皮肤色彩混合效果

（4）根据手部模型的结构及光源的变化，对手掌、五指皮肤亮部及暗部的整体色彩冷暖关系进行精细刻画。在刻画的时候注意运用不同的笔刷进行亮部及暗部的虚实关系及层次的变化。特别处理好手掌及五指内侧接缝位置的色彩变化，如图2-162所示。

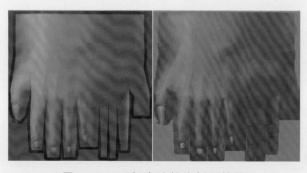

图2-162　手部皮肤整体刻画效果

（5）把绘制好的手部皮肤纹理指定给3ds Max的手部模型，根据光源变化对手背及手心亮部及暗部色彩的明度、纯度及色彩冷暖关系进行细节的刻画，与身体的色彩明度、纯度及色彩饱和度进行统一调整，如图2-163所示。

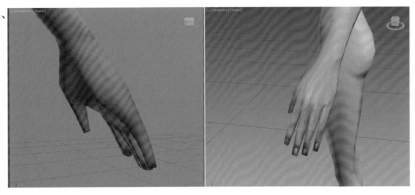

图2-163　手部模型皮肤纹理刻画效果

5.脚部皮肤纹理绘制

（1）打开脚部的UV结构线，结合腿部纹理的制作思路提取脚部UV结构线，得到底层和结构线分层PSD文件。同时打开前面烘焙的脚部明暗纹理并拖到线稿层的下面，保存PSD为"脚部"文件，如图2-164所示。

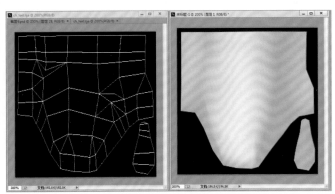

图2-164　脚部UV结构线分解

（2）按住Shift键拖动渲染输出的脚部烘焙明暗纹理放置到UV结构线图层的下面，作为基础纹理底层，再次按住"Ctrl+M"键对脚部烘焙纹理进行明暗关系的调整，同时指定明暗纹理给脚部的模型，得到脚部贴图纹理大体模型显示效果，如图2-165所示。

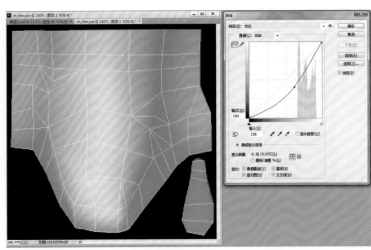

图2-165　脚部烘焙纹理曲线调整

（3）激活脚部图层分层通道栏，在脚部烘焙纹理层的上面新建图层，命名为"颜色"。单击工具条 ■■ 前景色进行脚部皮肤基础色彩的设置。结合腿部色彩的整体变化，使用 ✐ （吸笔）工具从身体吸取皮肤色彩作为脚部的基础色彩。填充选定的皮肤色彩给"颜色"图层，与前面烘焙出来的脚部明暗纹理进行图层的混合，如图2-166所示。

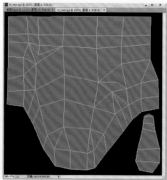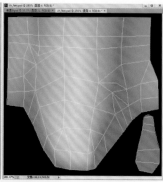

图2-166　脚部皮肤色彩混合效果

（4）根据脚部模型的结构及光源的变化，对脚掌、脚趾、关节皮肤亮部及暗部的整体色彩冷暖关系进行精细刻画。在刻画的时候注意调整笔刷的大小及不透明度进行亮部及暗部的虚实关系及层次的变化。特别处理好脚部内侧及外侧接缝位置的色彩变化，如图2-167所示。

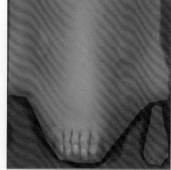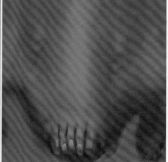

图2-167　脚部皮肤整体刻画效果

（5）把绘制好的脚部皮肤纹理指定给3ds Max的脚部模型，根据光源变化对脚部前面及后面亮部及暗部色彩的明度、纯度及色彩冷暖关系进行细节的刻画，与腿部的色彩明度、纯度及色彩饱和度进行统一调整，如图2-168所示。

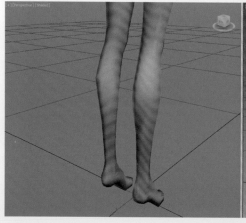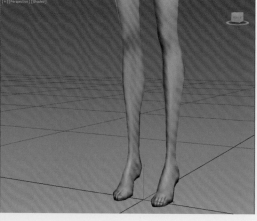

图2-168　脚部模型皮肤纹理刻画效果

6.头发纹理绘制

（1）在制作完成身体整体的皮肤纹理后，对导入的头发模型根据前面制作思路进行毛发纹理的绘制。提取头发UV结构线，得到底层和结构线分层PSD文件。打开前面烘焙的头发烘培纹理并拖到线稿层的下面，保存PSD为"头发"文件，如图2-169所示。

图2-169　头发UV结构线图层分解

（2）按住Shift键拖动渲染输出的头发烘焙明暗纹理放置到UV结构线图层的下面，作为基础纹理底层，再次按住Ctrl+M键对头发烘焙纹理进行明暗关系的调整，同时指定明暗纹理给头发的模型，得到头发贴图纹理大体模型显示效果，如图2-170所示。

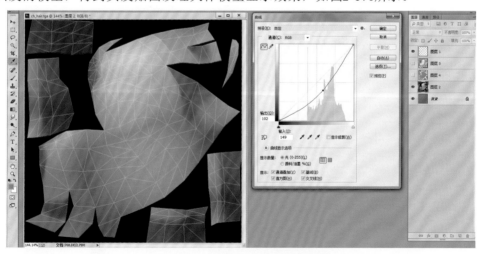

图2-170　头发烘培纹理曲线调整

（3）激活头发图层分层通道栏，在头发烘焙纹理层的上面新建图层，命名为"颜色"。单击工具条■前景色选择暗红色作为头发皮肤基础色彩。填充选定的皮肤色彩给"颜色"图层，与前面烘焙出来的头发明暗纹理进行图层的混合，如图2-171所示。

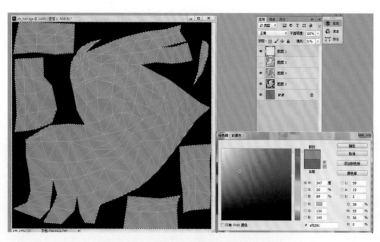

图2-171　头发皮肤色彩混合效果

（4）根据头发模型的结构及光源的变化，对头发主体及发丝亮部与暗部的整体色彩冷暖关系进行精细刻画。在刻画头发细节的时候注意调整笔刷的大小及不透明度变化。刻画出头发虚实关系及层次的变化。特别处理好头发接缝位置的色彩过渡，如图2-172所示。注意在表现头发发丝细节的时候，要结合PS的通道制作出发丝的结构，以黑白作为Alpha（通道）的过渡绘制，如图2-173所示。

图2-172　头发发丝细节刻画效果

图2-173　头发Alpha（通道）制作

（5）把绘制好的头发纹理指定给3ds Max的头发模型，根据光源变化对头发亮部及暗部色彩明度、纯度及色彩冷暖关系进行细节的刻画，并进行统一调整。指定Alpha纹理给Opacity通道，制作的头发Alpha通道进行参赛设置，如图2-174所示。结合UV坐标及模型的结构细节调整头发发丝的透明纹理效果，如图2-175所示。

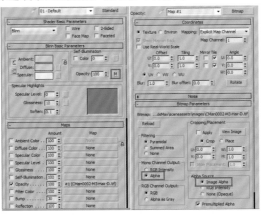

图2-174　头发模型透明通道设置

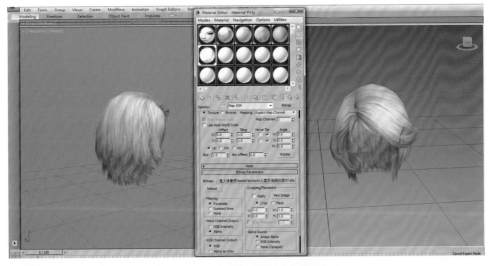

图2-175　头发发丝质感刻画效果

2.7　调整模型与贴图的统一性

在贴图绘制完成后，一定要把贴图赋予模型并进行最终的检查。因为绘制贴图是在二维的空间中进行的，难免会与模型匹配的三维空间发生偏差。特别是各个连接部分出现的接缝位置的错位及衔接要针对UV及纹理统一调整。指定纹理给模型添加，贴图的材质质感及光影关系与原画示意图统一协调好之后，三维模型材质的制作工作才算真正结束。最终根据人体展示的完成效果如图2-176所示。

第2章　女性标准人体模型制作

89

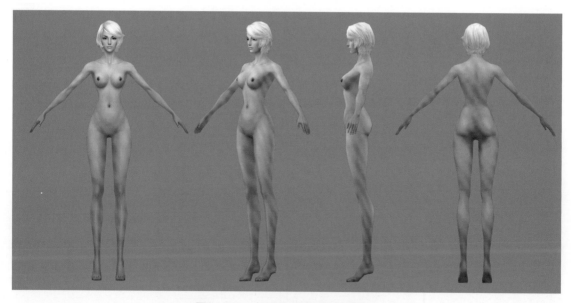

图2-176　人体的最终完成效果

2.8 本章小结

在本章中，我们介绍了写实女性人体的制作流程和规范，重点介绍写实女性人体物件的模型结构、UV编辑排列以及皮肤纹理色彩绘制的特点，并结合实例讲解了如何使用Max配合Photoshop制作三维模型及绘制纹理贴图的技巧。通过对本章内容的学习，读者应当对下列问题有明确的认识。

（1）掌握三维角色人体模型的制作原理和应用。

（2）了解女性人体换装模型制作的整体思路。

（3）掌握角色模型灯光设置的技巧及渲染的流程规范。

（4）掌握角色烘焙纹理材质的绘制流程和规范。

（5）重点掌握三维角色皮肤纹理质感的绘制技巧。

2.9 本章练习

根据本章节中女性人体模型制作及UV编辑的技巧，结合PS绘制纹理贴图的制作流程。从网上或者光盘中选择一张头部原画，按照本节制作流程规范完成模型制作、UV编辑、灯光渲染烘焙、材质纹理的整体制作。

第**3**章 精灵牧师角色制作

章节描述

    本节重点讲解精灵牧师的模型材质制作，它是一款魔幻风格类型的游戏三维角色制作，根据文案描述对各个种族职业的定位，精灵牧师属于法系属性的治疗职业，角色服饰的材质纹理以布料属性作为角色装备设计的主体。通过对游戏主角——精灵牧师换装模型的制作流程及制作技巧详细讲解，进一步掌握精灵牧师服饰结构造型的特点及换装结构的应用。本例以手绘纹理为主并注重综合材质叠加技法的应用，强调角色的皮肤、布料等的材质质感表现。

- **实践目标**
  - 了解三维角色换装模型的制作思路及流程
  - 了解精灵牧师模型制作的规范及制作技巧
  - 掌握精灵牧师UVW编辑思路及贴图绘制技巧
  - 掌握精灵牧师皮肤材质质感的绘制技巧
- **实践重点**
  - 掌握精灵牧师换装模型制作流程及制作技巧
  - 掌握精灵牧师UVW编辑技巧及排列规范要求
- **实践难点**
  - 掌握精灵牧师模型制作及UVW编辑流程及制作技巧
  - 掌握精灵牧师装备各个部分材质质感的绘制流程及规范

3.1 精灵牧师概述

3.1.1 精灵牧师文案设定

精灵牧师属于精灵种族，本例要制作的精灵牧师角色设定文案如下。

背景：精灵牧师是一个飒爽英姿的高阶精灵，生活在武风极盛的魔幻虚构世界，职业定位为牧师。她喜欢帮助别人，善于治疗，而且富有鲜明的职业个性特点。

特征：年龄二十四五岁左右，容颜极为清纯秀丽，性格活泼开朗，瓜子脸，具有巾帼不让须眉的气质。服饰的设计具有中国古代传统服饰的特点，既表现出法系的着装特点，又衬托了精灵婀娜多姿的体态。

技能：此女角色擅长使用法杖一类的法器，行动优雅洒脱，其职业性别特点决定了精灵牧师属于布衣系，因此她可以使用一些魔法技能增强自身战斗的能力。

3.1.2 精灵牧师服饰特点

精灵牧师穿戴的服饰都是与大自然形色浑然一体，乳白色的服饰凸显出精灵牧师高贵、雍容的形象气质。精灵牧师擅长法术系远程控制，她们身上并没有穿戴厚重的铠甲，而是以布料为主。她们是信奉大自然的神灵，衣服及武器上都画有或刻有她们信奉的神灵图腾。服饰的颜色以红、黄、蓝作为主体色系，这样使得精灵牧师的天赋更优越于其他职业。在使用法术技能方面，主要以自然法术营造为主，擅长阵法和自然元素的组合，有很强的法术控场和驾驭万物的驱使技能。精灵牧师整体绘制色彩效果如图3-1所示。

图3-1　精灵牧师整体换装模型材质效果

3.1.3 精灵牧师模型分析

在了解和分析了精灵牧师的形象特征及服饰特点后，根据文案的内容提示，开始进入精灵牧师的模型及材质纹理的绘制分解过程。

我们制作精灵牧师模型的时候，使用标准几何体及多边形的建模方式，再结合换装分块，逐步完成精灵牧师各个部分的模型及纹理制作。

精灵牧师制作主要分为三个阶段：①精灵牧师模型的制作；②精灵牧师UVW展开及编辑；③精灵牧师灯光烘焙及纹理绘制。

本章主要讲解精灵牧师模型——UV编辑——灯光烘焙——材质质感绘制的制作流程及制作技巧，并掌握精灵牧师形体结构造型特点。即在制作精灵牧师各个换装部位的模型时，需结合角色制作的规范流程，对精灵牧师正面及侧面的形体结构进行细节的刻画，特别是模型的面数及贴图的尺寸都有严格的规范要求。

在制作精灵牧师模型之前，首先要根据精灵牧师原画或参考图对要制作的人体结构进行分析，结合角色模型制作规范来完成精灵牧师的模型制作。

精灵牧师的整体模型制作主要分为三个大的环节：①精灵牧师头部模型的制作；②精灵牧师身体模型的制作；③精灵牧师装备模型的制作。

注意：在制作精灵牧师结构比例的同时要对参照的人体参考图的结构进行合理调整。精灵牧师原画参考如图3-2所示。

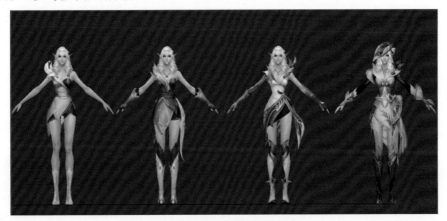

图3-2 精灵牧师原画参考

3.2 精灵牧师的模型制作

精灵牧师的模型制作属于换装结构的制作思路，即根据角色制作的需求。首先对头部的模型结构进行准确定位：头部模型主要由脸部、头发及头饰等部分组成。头部长宽高的比例结构定位是角色换装重要的构成部分。我们制作头部五官基础模型的时候，结合原画参考图的结构造型特点进入模型的制作过程。

3.2.1　头部模型结构制作

（1）首先打开3ds Max2017进入操作
面板，根据三维角色制作规范流程对
Max的单位尺寸进行基础设置，以便在后
续制作完成输出时，导出的人物、建筑或
物件资源比例大小与程序应用尺寸互相匹
配，单位尺寸基础设置如图3-3所示。

图3-3　单位尺寸基础设置

（2）单击 创建面板，激活Box（长方体）按钮，在Perspective(透视图）坐标中心单击
开始创建作为头部的基础模型，对长方体的基础参数根据头部长宽高比例进行参数设置。
在命令栏激活 移动键，右键XYZ轴，设置坐标为零，如图3-4所示。在制作时为便于观察
模型制作，需要对环境显示模式进行适度调整。单击键盘上8键，对环境中的Tint及
Ambient的参数进行设置，如图3-5所示。

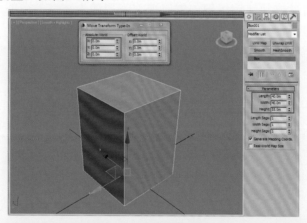

图3-4　创建基础模型

图3-5　背景参数基础设置

（3）在前视图及透视图调整长方体的视窗显示大小。然后在模型上单击右键，在弹出
的对话框中单击Convert、Editable、Poly转换按钮，将标准长方体转化成可编辑的多边形
（Poly）物体，如图3-6所示。

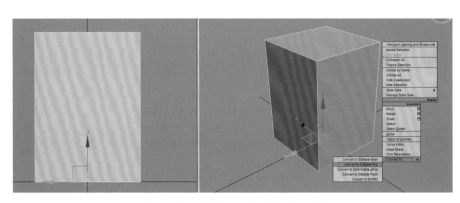

图3-6　转换成可编辑的多边形物体

（4）给创建的长方体命名为"头部"，进入 ✎（修改）面板，在下拉菜单中选择 MeshSmooth（光滑）命令，设置光滑的显示级别为2，如图3-7所示。转换头部基础模型为可编辑的多边形模型，得到比较合理的网格布线的多边形头部基础模型，同时调整中心轴的位置坐标到中心。细分光滑头部模型效果如图3-8所示。

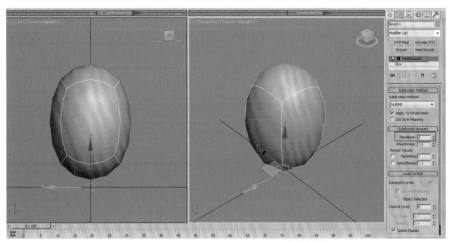

图3-7　MeshSmooth（光滑）参数设置

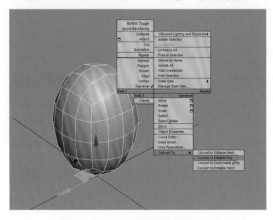

图3-8　细分光滑头部模型效果

（5）结合多边形模型制作及编辑技巧制作头部大体的结构。进入 （修改）面板，在下拉菜单中选择FFD4×4×4（变形器），运用变形器对头部的模型进行基本的编辑，如图3-9所示。进入到Control Points（控制点）变形器模式，运用 （选择并移动）、（选择并缩放）键分别在前视图及侧视图对头部正面及侧面的结构进行调整，注意多结合女性角色头部模型的造型调整控制点的位置变化，如图3-10所示。

提示：在运用FFD4×4×4（变形器）编辑头部时要特别注意头部额头、下巴、后脑勺三个制高点的结构变化，以便于后续制作五官结构时更好地进行定位。

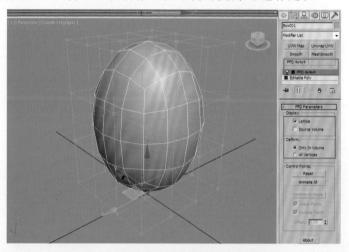

图3-9　FFD4×4×4（变形器）基础设置

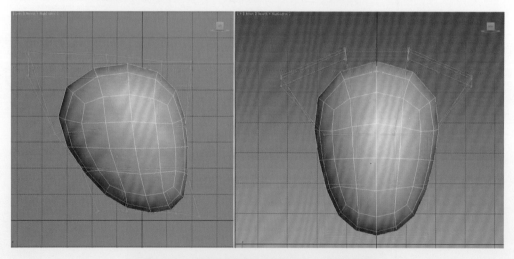

图3-10　变形器调整头部正面、侧面模型

（6）转换头部模型为可编辑的多边形，激活前视图，进入 （面层级）模式，选择左边的面进行删除，为便于头部模型在制作时进行准确结构定位，我们采用同步关联镜像复制的方式进行模型复制，在菜单栏选择 （镜像复制）按钮，在弹出的菜单栏中设置镜像复制的模式为Instance（关联复制），得到左侧的基础模型，如图3-11所示。

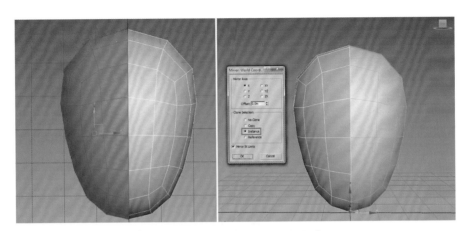

图3-11 头部模型镜像复制制作

（7）根据女性头部模型结构造型的特点，接下来开始对头部模型五官的基础结构进行编辑，进入 ▦（点层级）模式。结合 ✛（选择并移动）命令，对头部额头、鼻子、下巴的大体结构进行准确定位，注意从正面、侧面对头部模型的结构进行微调，如图3-12所示。在模型上右击，在弹出的快捷命令栏选择Cut（剪切）命令，对鼻尖及额头部分的结构进一步刻画，同时进行点、线结构位置的适当调整，如图3-13所示。

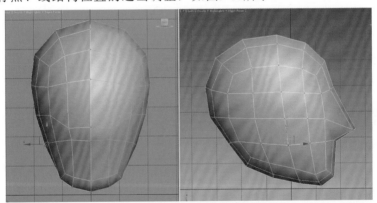

图3-12 头部外部结构大体定位

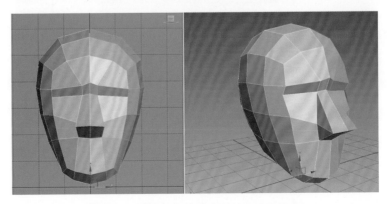

图3-13 调整鼻子及额头大体形体结构

（8）给头部模型添加MeshSmooth（光滑）命令，进入 ▦（点层级）模式，对脸部鼻子及额头 的结构从正面、侧面进行细节的调整，运用Cut（剪切）命令逐步添加五官部分的结构细节，得到比较明确的头部大体结构，如图3-14所示。

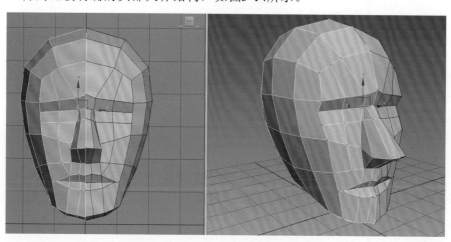

图3-14　头部大体模型结构调整

（9）在完成头部大体模型制作之后，结合前面制作模型的基本思路，对嘴部的模型结构进行细节的造型制作。根据嘴部肌肉结构走向及外部造型特点运用Cut（剪切）命令添加嘴部的结构线段。进入 ▦（点层级）模式，运用 ▦（选择并移动）命令对嘴角、唇中线及上下嘴唇的结构进行大体结构的刻画，如图3-15所示。

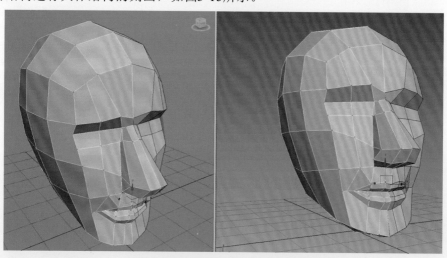

图3-15　嘴部模型结构局部刻画

（10）在完成嘴部模型大体结构后，接下来继续根据头部颧骨、眉弓、鼻部等大体结构运用Cut（剪切）命令添加线段，注意结合嘴部结构进行线段的添加，如图3-16所示。进入 ▦（点层级）模式，对嘴部唇中线、上下嘴唇、嘴角的形态结构进行细节的刻画，同时结合人中及鼻子的结构从正面及侧面进行细节的调整，如图3-17所示。

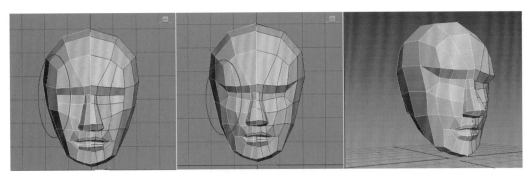

图3-16　嘴部口轮匝肌结构线段调整

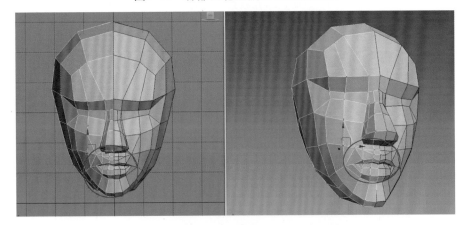

图3-17　嘴部正面及侧面细节刻画调整

（11）在完成嘴部的细节刻画后，继续对鼻子的结构进行整体的刻画。进入 （点层级）模式，运用Cut（剪切）命令对鼻翼、鼻头、鼻根的形体结构进行细节的刻画，注意根据女性鼻部结构进行结构线的添加，如图3-18所示。结合鼻底及鼻翼的整体模型结构变化对鼻孔及鼻根中部造型结构进行线段的添加，注意从前视图及侧视图来观察及调整添加鼻部与嘴部形体的变化，如图3-19所示。

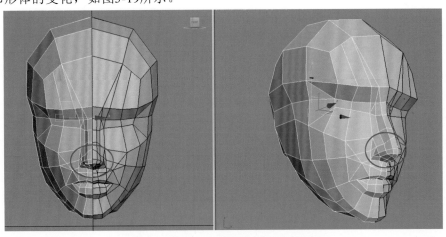

图3-18　鼻头、鼻翼形体结构的刻画

第3章　精灵牧师角色制作

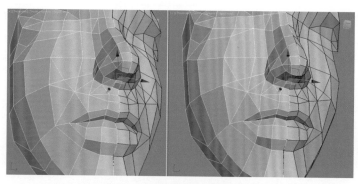

图3-19　鼻底、鼻孔及鼻翼形体结构细化效果

（12）进入 ▦（点层级）模式，继续完成鼻根、鼻梁骨模型结构的细节刻画，注意在刻画鼻根模型造型的时候，从透视图、侧视图反复调整鼻部整体模型的结构变化，要特别注意处理好鼻根与内眼角结构的衔接关系，如图3-20所示。

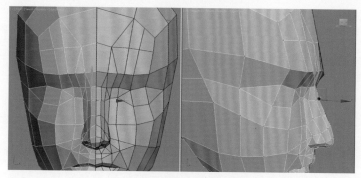

图3-20　鼻根、鼻梁整体模型细节刻画

（13）结合鼻底结构继续对眉弓的布线进行细节刻画。继续单击Cut（剪切）命令对眉弓内侧的模型布线进行调整，进入 ▦（点层级）模式，运用 ✥（选择并移动）命令对眉弓的结构结合眼眶及鼻部的结构进行整体调整，如图3-21所示。在制作眼眶模型结构时，注意处理好外眼睑及内眼睑的模型结构造型变化，如图3-22所示。

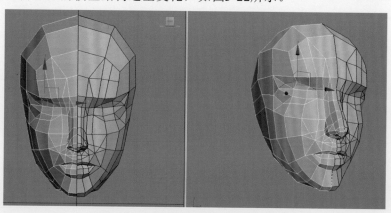

图3-21　调整眉弓的布线大体结构

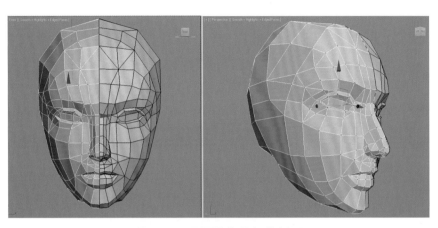

图3-22 眼眶结构的细节刻画

（14）眼睛部位的结构与眉弓是紧密关联在一起的。眼睛主要由上眼睑、下眼睑、内外眼角及眼球、瞳孔等多个部位组合而成，是脸部五官结构造型最富有表现的部位。在添加线段进行各个部位结构细节刻画的时候，要从不同的视图进行反复的调整，如图3-23所示。在刻画眼睛内部结构造型的时候，多参照提供的原画参考图片对上下眼睑及眼球的模型结构进行精细的刻画，图3-24所示。

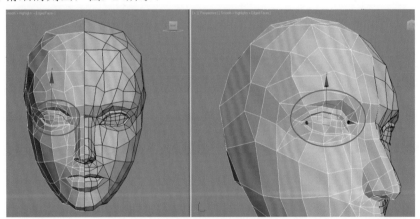

图3-23 眼睛结构造型细节刻画效果

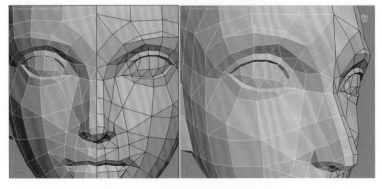

图3-24 眼睛结构造型细节刻画

101

（15）在制作完成脸部正面五官的模型细节造型后，根据头部整体造型的特点，继续对头部侧面、后脑勺及下巴与脖子连接部位的模型结构进行准确定位。运用Cut（剪切）命令添加线段，制作下巴转折部分的模型结构，单击 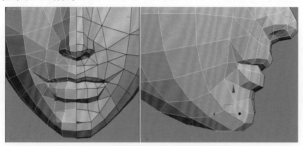（选择并移动）命令结合透视图、侧视图对添加的下巴部分的大转折结构进行编辑。结合嘴部、下颌角的肌肉结构走向进行点线面结构的细节刻画，如图3-25所示。

图3-25　下颌角结构造型细节调整

（16）在调整完成下颌角模型的结构造型后，结合颈部的结构造型变化，进入 （面层级）模式，选择颈部的面进行删除，从各个视图对颈部的结构进行点线面的结构调整。特别是注意后脑勺部分模型结构的变化，如图3-26所示。

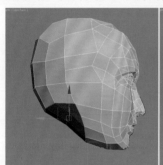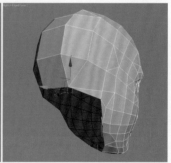

图3-26　颈部模型结构调整

（17）接下来结合头部侧面——脸部的结构对模型的线段进行合理的调整，运用Cut（剪切）命令对侧面耳朵的结构线进行明确的定位，制作出耳朵的大体结构，注意要结合"三庭五眼"结构变化对点线面进行合理的结构调整，如图3-27所示。

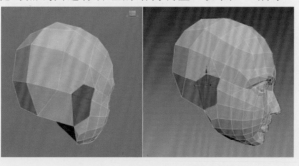

图3-27　耳朵结构大体制作

（18）进入 ![icon](修改）面板，激活 ![icon](面层级）模式，选择耳朵的面，在下拉菜单中激活Extrude（挤压）命令，对耳朵的面进行挤压拉伸，制作出耳朵的厚度，同时运用 ![icon](选择并旋转）命令，沿着Z轴旋转一定的角度，得到耳朵结构大体造型，如图3-28所示。

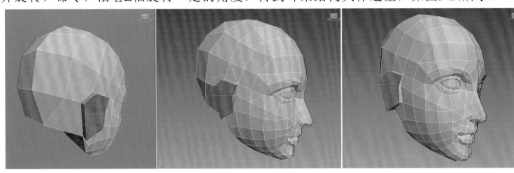

图3-28　耳朵结构大体造型

（19）根据耳朵结构变化，对耳朵与脸部衔接部位的点线进行合并及位置的调整，特别要处理好与颈部、后脑勺及下颌角部位的结构造型变化。在精灵族角色的头部中比较有特色的是耳朵比正常人要长，在刻画的时候注意与正常人头部结构造型的区分，如图3-29所示。再次根据精灵头部造型的特点，挤压出耳尖部分的模型结构，从不同的视图反复调整，得到比较完整的精灵族头部模型，如图3-30所示。

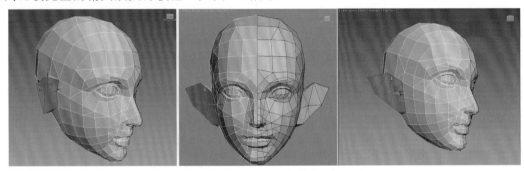

图3-29　调整头部耳朵模型整体结构

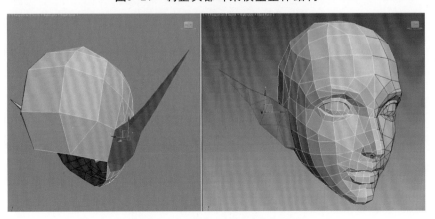

图3-30　头部耳朵模型完成效果

（20）最后对精灵头部模型的正面及侧面进行细节的调整，特别是对五官的各个部分的结构结合精灵造型的特点进行结构造型的精细刻画。给头部模型添加MeshSmooth（光滑）命令进一步调整头部模型的结构造型，如图3-31所示。

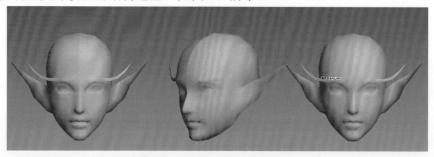

图3-31　头部光滑显示效果

> 注意：此部分我们按照游戏人体角色制作的流程及规范要求来进行模型结构定位，在模型细节制作上对Poly面数、贴图大小要严格按照规范进行。

3.2.2　头发及头饰模型制作

（1）进入修改（修改）面板，在透视图中选择头顶的面进行复制，结合多边形点线面的编辑技巧及精灵造型设计的特点对头发形体结构逐步进行细节的刻画，注意结合头部的比例结构进行头发基础形体结构的细节调整，如图3-32所示。

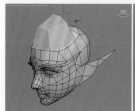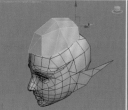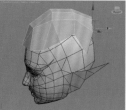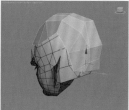

图3-32　头发顶部模型大体制作

（2）进入■（面层级）模式，根据头部结构对头发侧面及背面的模型结构进行局部造型的刻画，特别是与耳朵部分模型衔接的部分要注意布线的合理性，如图3-33所示。在制作头发顶部模型凸起结构的时候，运用Cut（剪切）工具添加线段，制作出发型的结构，如图3-34所示。

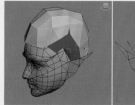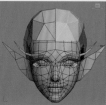

图3-33　头发侧面模型结构制作

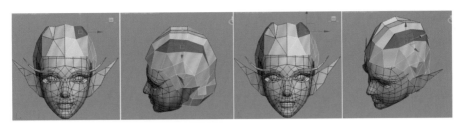

图3-34 头发凸起模型结构造型

（3）结合精灵女性角色的头发整体造型设计特点，继续对头发前端鬓角长发的模型结构进行细节的刻画。进入▣（面层级）模式，复制前面制作的头发侧面的面作为长发的基础结构，调整长发结构与头部侧面结构进行合理匹配，如图3-35所示。再次对长发的模型结构及分段数进行调整，注意对拉伸出的长发从不同的视图进行角度及方向的调整，如图3-36所示。

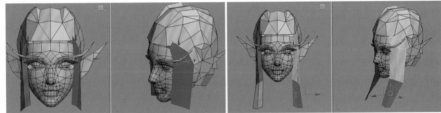

图3-35 长发模型结构大体制作

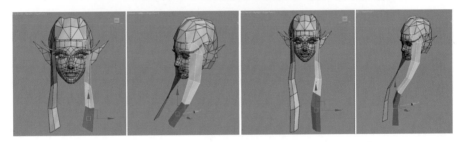

图3-36 长发整体模型结构制作

（4）在完成头发整体模型的制作后，再次对头发饰物的模型结构进行精确的定位。在头发饰物的造型设计上要结合原画造型设计的特点进行模型的制作。头饰主要由羽毛及综合纹理结构组合而成，在制作模型时要根据发饰的结构对前面及后面的模型进行分层制作，从不同的视图调整模型点线面及布线结构的变化，如图3-37及图3-38所示。

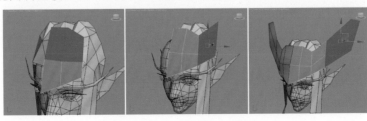

图3-37 发饰前端模型制作

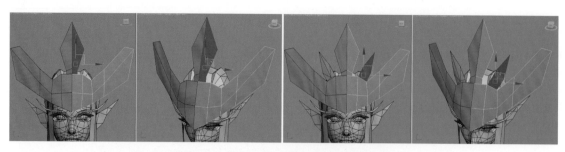

图3-38 头饰后端及整体模型调整效果

3.2.3 身材装备模型制作

（1）结合女性裸体模型换装结构特点，从第二章女性标准人体模型中导入上半身标准模型，与头部模型的结构及位置进行合理的调整。我们在制作精灵牧师的身体装备模型的时候，也会结合人体结构进行合理匹配，如图3-39所示。

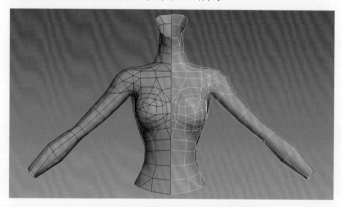

图3-39 女性标准上半身模型

（2）结合多边形模型制作及编辑的技巧制作身体的大体造型。进入 ■（面层级）模式，复制人体模型肩部的面，指定一个不同的材质球并调整色彩变化，运用 ⊞（选择并移动）、▣（选择并缩放）等工具分别在前视图及侧视图对身体装备正面及侧面的结构进行调整，注意多结合女性角色身体模型的造型调整点线面的位置变化，如图3-40所示。同时结合第二章胸部及肩部模型结构的制作技巧，对身体装备的模型结构进行进一步的细节刻画，注意与标准人体模型结构进行合理匹配，如图3-41所示。

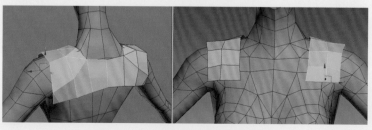

图3-40 肩部装备基础结构制作

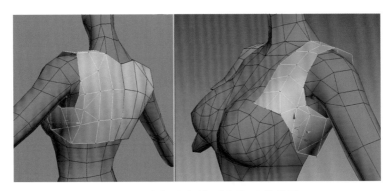

图3-41　胸部装备模型大体调整效果

（3）进入 ▣（面层级）模式，继续对乳房外侧的模型结构进行细节的刻画，结合精灵牧师结构特点对胸部及腋窝的结构添加线段，并进行调整及细节刻画，为便于身体模型在制作时进行准确结构定位，单击 ▦（镜像复制）按钮，采用同步关联镜像复制的操作技巧进行身体装备模型编辑，注意装备模型与身体基础模型造型的变化，如图3-42所示。

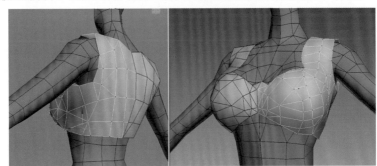

图3-42　身体装备模型镜像复制

（4）根据女性身体模型结构造型的特点，接下来开始对身体腹部装备的大体基础结构进行编辑。首先给装备模型中间位置添加两道线段，进入 ▨（点层级）模式，结合 ▦（选择并移动）命令，对身体腹部的大体结构从正面进行点线面结构的调整，如图3-43所示。再次从侧面对身体腰部的结构根据女性曲线的结构造型进行点、线结构位置的适当调整，如图3-44所示。

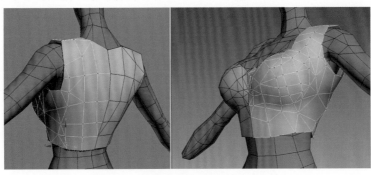

图3-43　腹部装备模型的结构调整

第3章　精灵牧师角色制作

107

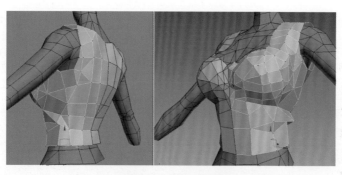

图3-44　身体装备侧面模型结构调整

（5）进入 ⊞（点层级）模式，结合 ⊞（选择并移动）命令，根据身体胸部、腰部及臀部的大体结构进行点、线结构位置的调整，与上半身标准人体的布线结构保持一致。注意：女性胸部最高点及背面腰部最低点模型结构线的细节刻画，如图3-45所示。

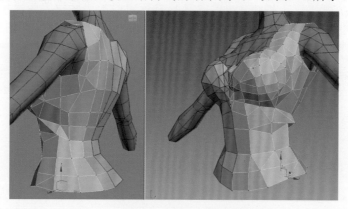

图3-45　腰部装备模型结构调整效果

（6）继续完成身体手臂装备大体的模型结构，进入 ◁（面层级）模式，选择肩部的面进行复制并移动到一定的位置，注意与肩部的模型结构线进行合理匹配，如图3-46所示。进入 ▣（边层级）模式，运用Cut（剪切）工具在肩部添加结构线段，同时运用多边形编辑技巧对肩部及手臂的点线面进行细节的调整。注意：要结合肩部、胸部的整体结构进行合理的编辑，如图3-47所示。

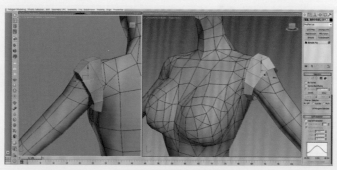

图3-46　复制肩部模型结构及编辑

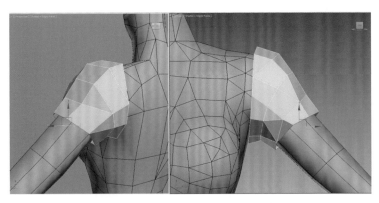

图3-47 手臂结构线段细节调整

（7）结合前面的制作思路继续完善手臂衣袖大体模型结构编辑，注意在编辑手臂衣袖模型时要根据手臂的结构布线进行合理调整，并结合移动、旋转等编辑工具调整衣袖模型的布线，得到衣袖装备的大体结构造型，如图3-48所示。

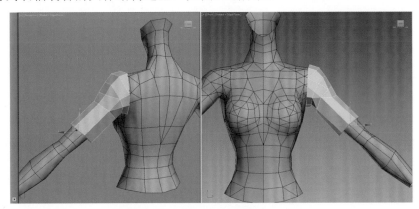

图3-48 上臂衣袖模型结构调整

（8）继续对手部衣袖结构进行线段的添加及调整，特别要结合衣袖纹理质感的特性进行模型结构的制作。衣袖整体上以布料为主，运用多边形编辑技巧结合手臂结构对衣袖进行结构造型的特点细节刻画，如图3-49所示。

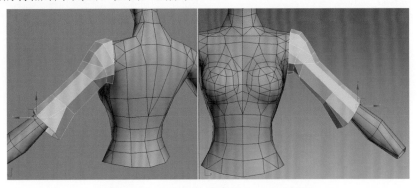

图3-49 衣袖整体结构造型细节刻画

109

（9）进一步对衣袖转折部分的模型结构进行的细节刻画。进入◁（边层级）模式，结合前面模型结构的变化，运用Cut（剪切）工具在肘关节衣袖袖口转折部分添加线段结构，使用🖱（选择并移动）命令对衣袖的内侧及外侧的结构线进行细节调整，如图3-50所示。

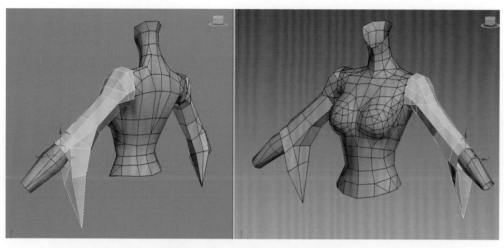

图3-50　衣袖袖口形体结构调整

（10）接下来继续对衣袖结构线的细节进行刻画，注意在添加衣袖线段的时候要结合女性的前臂模型结构造型进行整体调整。从不同的视图反复调整衣袖正面及侧面的造型变化，使得衣袖的布线结构看起来更符合布料纹理结构及后续动画制作的需要，如图3-51所示。

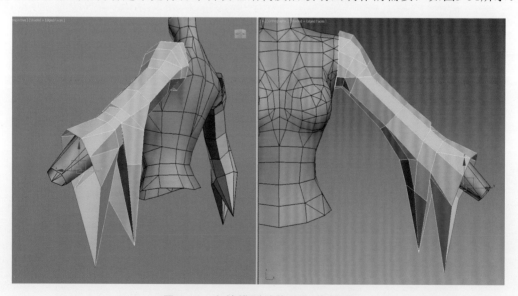

图3-51　衣袖模型结构线细节刻画

（11）结合精灵牧师的整体设计特点、人体手臂模型及衣袖结构继续对衣袖袖口外侧的模型结构进行细节的刻画，特别是对腕关节模型结构线及袖口衔接部分的大小、方向进行合理的调整，如图3-52所示。

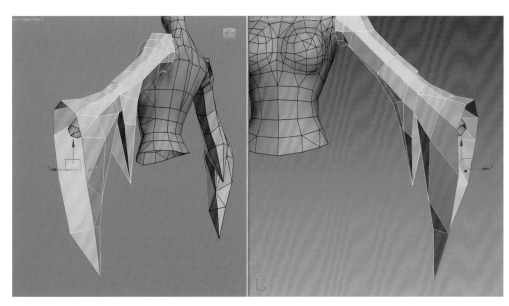

图3-52　调整衣袖整体模型结构布线

（12）在完成精灵牧师上半身装备整体模型结构制作后，进入 ⊿（边层级）模式，运用多边形编辑技巧继续对胸部、肩部及手臂的结构进行进一步的刻画，特别是要处理好装备正面、背面关节模型转折部分结构线的合理布局，如图3-53所示。

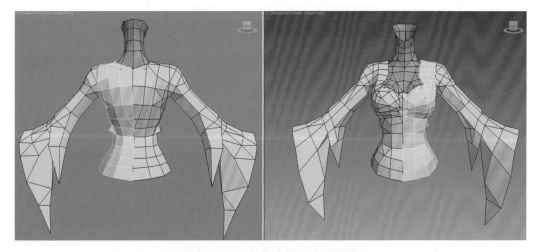

图3-53　上半身结构线合理调整

（13）在完成身体模型结构之后，继续对肩部及颈部披肩的模型结构进行细节的刻画。首先对胸口中心位置面进行复制，移动一定的距离，如图3-54所示。进入 ⊿（边层级）模式，选择手臂的边，在 🔧 修改下拉菜单中选择Extrude（挤压）命令。沿着肩部的结构挤压出披肩的大体结构，从透视图的各个角度进行模型线段的位置调整。单击 🔄（选择并旋转）命令，对拉伸出来的线段按照肩部及颈部的结构进行一定角度的旋转，如图3-55所示。

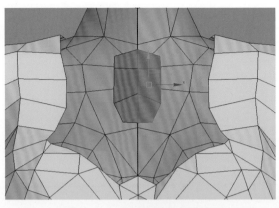

图3-54　披肩模型结构定位

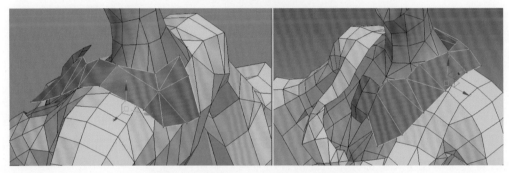

图3-55　披肩大体模型结构编辑效果

（14）再次执行Extrude（挤压）命令，选择披肩上面一圈线段往上拉伸挤压出披肩中段的模型结构，并运用 ▨（选择并缩放）及 ▨（选择并移动）命令对挤压出的线段进行缩放及点线面的细节调整，得到明确披肩衣领部分的模型结构，如图3-56所示。再次执行线段挤压命令，继续挤压出披肩肩部的模型结构，并结合身体装备模型的造型变化对拉伸线段进行缩放及位置的合理调整，如图3-57所示。

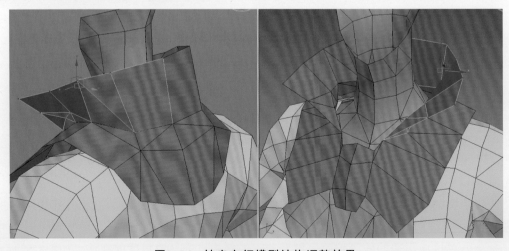

图3-56　披肩衣领模型结构调整效果

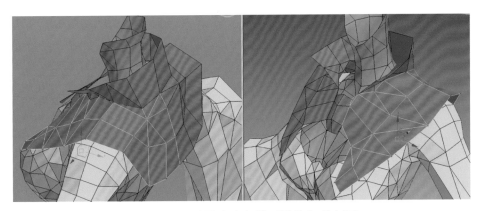

图3-57　手臂披肩肩部模型结构细节刻画

（15）在刻画披肩转角部分模型结构的时候，要结合前面肩部装备的结构布线完成披肩外围部分的模型结构，运用Cut（剪切）工具，刻画披肩转折部分结构造型的细节。注意：从正面及背面结合身体整体模型的变化进行细节的刻画，如图3-58所示。

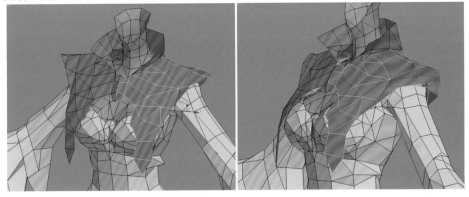

图3-58　披肩外围模型结构调整效果

（16）结合身体装备模型的制作技巧，继续对披肩的外边附属结构进行结构造型的制作，逐步完成披肩的模型结构。结合 ▦（选择并移动）命令对披肩外部结构的点线面进行整体调整，调整到合适的大小与上臂的模型结构进行合理的匹配，如图3-59所示。

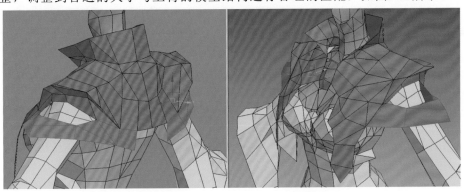

图3-59　前臂模型结构的调整效果

（17）最后参照精灵牧师原画结构示意图的设计，对披肩前面羽毛翅膀的模型进行大体造型的定位，逐步完成羽毛翅膀的造型模型制作。在调整翅膀结构线段时要尽量保持披肩结构的合理性，如图3-60所示。

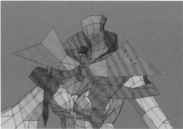

图3-60　羽毛翅膀模型结构调整效果

（18）在完成上半身主体及装备模型的细节刻画制作后，接下来继续对手部装备模型结构进行细节的制作。首先运用多边形编辑技巧对前臂部分的模型进行复制，结合手腕的结构调整装备结构线逐步拉伸挤压，并运用移动、缩放工具对点线面进行细节的调整，如图3-61所示。

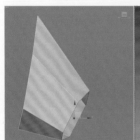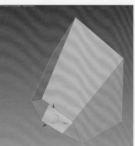

图3-61　手掌模型结构制作效果

（19）结合手部模型的造型特点，运用多边形点线面的编辑技巧对手套部分的模型结构进行细节的刻画，在制作手套结构的时候尽量简洁概括，注意手与手掌部分的模型结构线段保持一致，如图3-62所示。

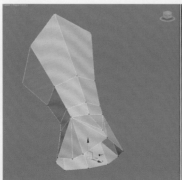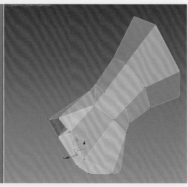

图3-62　手掌装备模型结构调整

（20）根据手掌整体造型继续对手套模型结构进行细节的制作，注意在制作时要从正反两面对手套进行细节的调整，处理好与手掌模型之间的衔接比例关系及结构线匹配，如图3-63所示。结合手部五指模型制作的方法思路，进一步完善手套模型的结构造型，注意在制作的时候，从各个不同的视图对手指手套整体的模型构线进行反复调整，在保持与手掌结构统一的同时也要注意拉开距离，如图3-64所示。

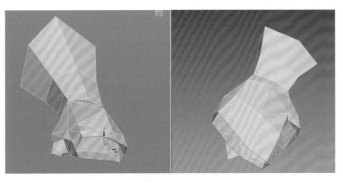

图3-63　手套模型结构细节制作

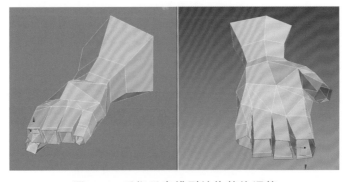

图3-64　手指手套模型结构整体调整

（21）根据手部整体模型继续完成手套模型结构的制作，在制作编辑模型结构时，注意结合五指的整体关节及长度的变化进行合理的调整，处理好与手掌及手指衔接部分的结构造型变化，从正面、侧面进行整体的刻画及调整，如图3-65所示。

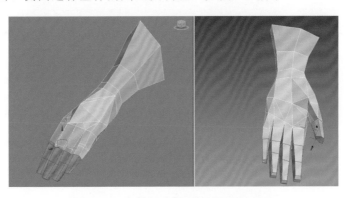

图3-65　手套整体模型细节刻画效果

第3章　精灵牧师角色制作

115

三维角色设计与制作

（22）在完成女性上半身装备的模型之后，接下来继续完成下半身装备模型的制作，主要包括臀部、腿部、脚部三个比较关键的部分。下半身精灵牧师的服饰特点定位对整个角色造型变化有重要的引导作用。腿部模型与外部裙摆的结构要分开制作，以便在后续更好地制作动画。复制小腿部分的面，放大到一定的程度，进入⊿（边层级）模式，在▨（修改）下拉菜单中选择Extrude（挤压）命令。逐步拉伸挤压出靴子装备的大体结构，从透视图的各个角度进行模型线段的调整。根据小腿的结构进行线段的缩放，调整到合适的位置，如图3-66所示。

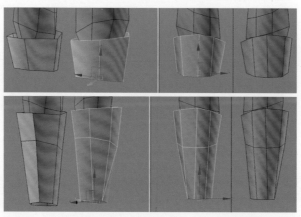

图3-66　靴子大体模型结构制作效果

（23）在完成靴子小腿模型部分后，继续完成靴子踝关节模型结构造型，注意在拉伸线段的时候要结合女性的脚部结构进行调整，对模型的布线要求要规范合理，尽量以大结构造型为主，如图3-67所示。

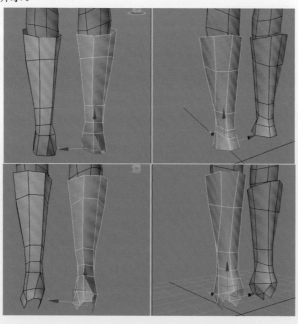

图3-67　靴子踝关节部分模型结构制作

（24）结合脚部模型的结构造型变化，对脚部靴子的鞋跟、脚底及脚尖部分的模型进行细节的制作。注意：从不同的视角反复调整靴子模型的结构布线变化，如图3-68所示。

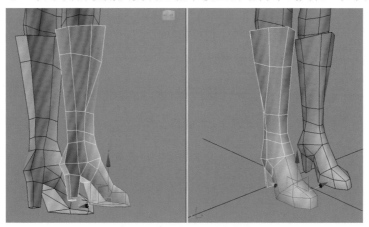

图3-68　靴子整体模型结构制作

（25）根据精灵牧师服饰特点对下半身腿部裙摆服饰的模型结构进行进一步的刻画，进入■（面层级）模式，复制腿部的面并结合▣（选择并缩放）命令进行放大，根据女性腿部造型的特点对裙摆模型进行整体结构调整，注意与臀部的模型布线进行合理性匹配，如图3-69所示。进入◁（边层级）模式，运用拉伸工具对裙摆腿部的模型结构进行线段的拉伸，调整到合适的位置，注意结合女性身体的特点进行细节的调整，如图3-70所示。

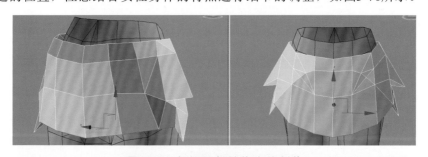

图3-69　裙摆腿部结构大体制作

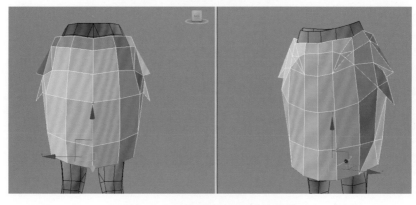

图3-70　裙摆腿部模型结构制作

（26）继续对大腿、小腿及膝关节部位裙摆模型结构进行准确的定位，注意裙摆正面、背面模型结构线的合理分配，膝关节裙摆结构线的合理安排对后续动画制作的表现比较关键，如图3-71所示。继续根据腿部的结构逐步调整到小腿的结构位置。在制作小腿模型结构的时候，要注意正面及背面结构线的变化，与大腿、膝关节整体模型结构布线进行调整，把握好女性裙摆模型结构的特点，如图3-72所示。

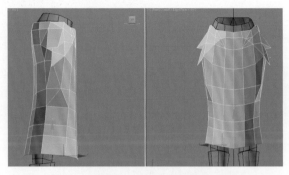

图3-71　进一步刻画裙摆模型结构

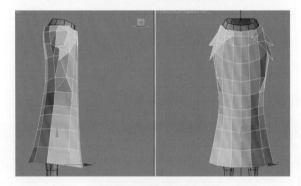

图3-72　裙摆小腿部分模型细节刻画

（27）在完成小腿部分裙摆的模型结构后，根据下半身腿部、脚部、膝关节模型结构的整体造型进行细节的刻画。注意：调整腿部结构布线要规范合理，尽量以大结构造型为主，结合上半身的模型整体进行调整，如图3-73所示。

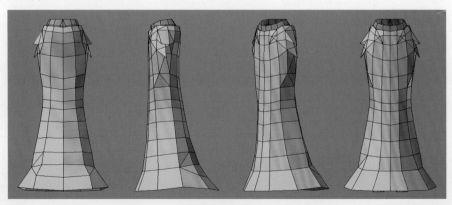

图3-73　裙摆整体模型细节调整效果

（28）再次对精灵牧师腰部装备的模型结合身体装备的整体结构造型变化进行细节的刻画，注意腰部装备的布线要尽量与身体及装备的分段数保持一致，如图3-74所示。结合精灵原画设计特点对腰部装备的整体模型结构从正面、背面进行点线面的编辑，注意与腰部及臀部结构线尽量保持一致，如图3-75所示。

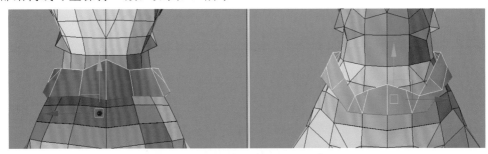

图3-74　腰部装备大体结构制作

图3-75　腰部模型整体制作

（29）最后对精灵牧师的整体模型进行结构的调整，特别是对身体与装备的模型结构线进行细致的刻画，对镜像复制的模型进行点线面的合并及对模型法线进行统一。按照三维换装角色的规范流程进行整体模型的模块划分，如图3-76所示。

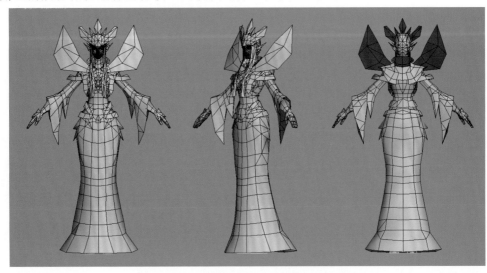

图3-76　精灵牧师整体模型调整效果

3.3 精灵牧师UVW的展开及编辑

在完成精灵牧师模型的模型细节制作之后，接下来开始按照三维角色的制作流程，对精灵牧师换装各个模块部分的模型结构进行UVW的指定及编辑。在对精灵牧师UVW进行编辑的时候，我们还是根据建模的整体思路逐步分解进行。

3.3.1 头部模型的UVW展开

（1）激活头部的模型，给头部模型指定Planar（平面）坐标，对指定的坐标进行参数的设置，对头部的UVW根据模型结构进行展开。打开 （材质）编辑器，给轮子指定一个材质球，同时指定一个棋盘格作为基础材质，点击轮盘棋盘格纹理赋予精灵牧师并对棋盘格菜单栏中的基础参数进行设置。主要是便于观察UVW的分布是否合理，如图3-77所示。

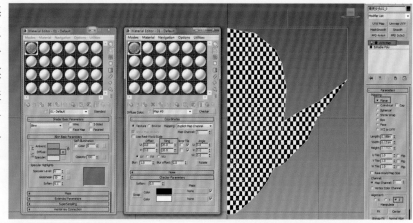

图3-77 头部Planar（平面）坐标展开

（2）进入 （修改）面板 （面层级）模式，选择头部侧脸耳朵，打开修改器列表，执行修改器中的UVW Map命令，然后进入UVW Map的"面"层级，对脸部指定Planar（平面）坐标模式及进行轴向调整，如图3-78所示。按照同样的思路选择脸部侧面的面进行坐标指定及展开，打开 Unrap UVW编辑窗口，对脸部侧面UVW进行剪切，如图3-79所示。

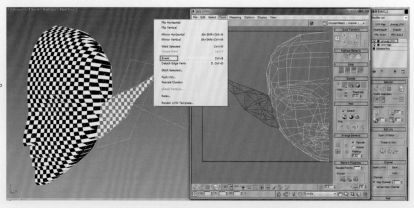

图3-78 侧脸耳朵坐标展开及指定

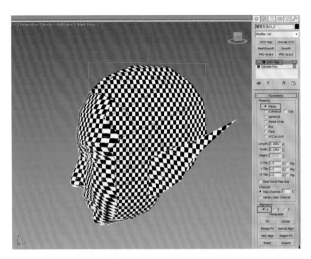

图3-79 脸部侧面UVW展开

（3）在UVW编辑窗口分别选择脸部正面、侧面及后脑勺的UVW进行分解，注意在分解

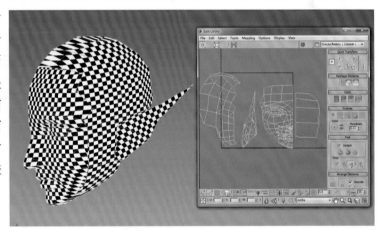

头部模型UVW的时候要结合头部模型布线的结构进行合理分割。运用UVW编辑技巧对脸部正面及侧面的UVW坐标进行展开，然后调整侧面棋盘格的大小，尽量和正面的棋盘格大小适度匹配，对耳朵及后脑勺部分的UVW进行编辑，如图3-80所示。

图3-80 头部UVW整体编辑效果

（4）接下来对头部整体的UVW坐标根据头部的模型结构进行细节的编辑及排列。注意：

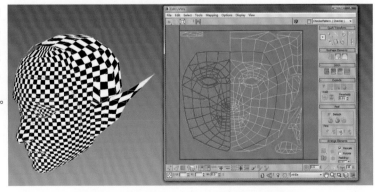

对脸部侧面的UVW进行手动调整，结合棋盘格纹理对脸部、耳朵、后脑勺的UVW进行合理排列，尽量排满整个UVW象限空间，如图3-81所示。

图3-81 头部Unrap UVW整体调整效果

（5）结合模型制作的整体思路，接下来对头饰的整体模型进行UVW坐标的展开及编辑。选择头饰前面的羽毛模型指定Planar（平面）坐标模式，结合 ◎（选择并旋转）命令进行角度的调整，如图3-82所示。再次选择后面头发的模型按照同样的思路进行坐标的指定及编辑调整，在UVW窗口进行合理的排列，如图3-83所示。

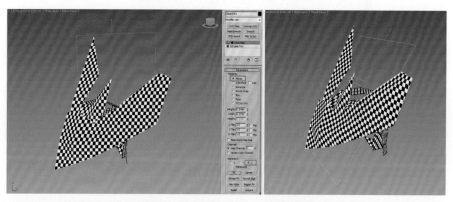

图3-82　头饰模型UVW展开效果

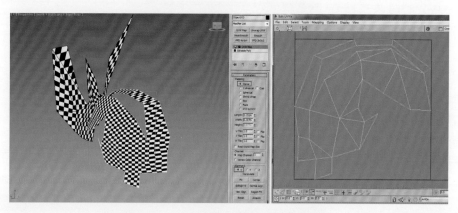

图3-83　头发UVW坐标展开及排列效果

（6）对编辑头饰及头发的UVW在编辑窗口按照输出的规范制作进行合理的排列。结合棋盘格纹理的大小进行UVW的细节排列，尽量排满整个UVW象限空间，如图3-84所示。

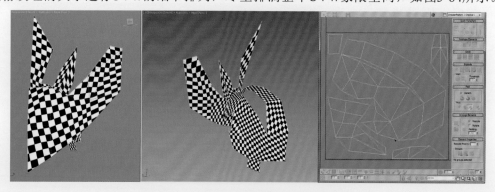

图3-84　头饰及头发整体UVW排列效果

（7）选择头部长发部分的模型结合头饰UVW的编辑技巧，根据模型的结构造型变化，分别进行UVW的坐标展开及编辑，运用UVW的编辑工具及编辑技巧进行整体的编辑及排列，合理排列在编辑窗口，尽量减少拉伸的UVW，如图3-85所示。

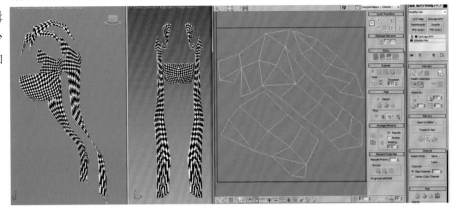

图3-85　长发UVW编辑及排列效果

3.3.2　身体装备的UVW展开及编辑

（1）接下来给胸部装备模型的UVW坐标按照前面的思路进行细节的编辑，注意此部分我们结合胸部模型制作思路，对胸部装备模型指定Planar（平面）坐标模式及并运用旋转工具进行轴向的调整，如图3-86所示。结合人体模型UVW的编辑流程及技巧，激活UVW线状态，选择胸部装备正面及背面衔接处的UVW进行分离，如图3-87所示。

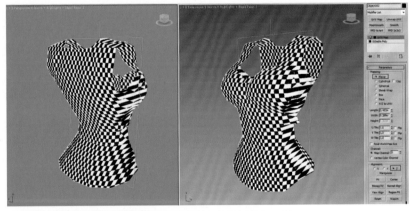

图3-86　胸部UVW坐标展开设置

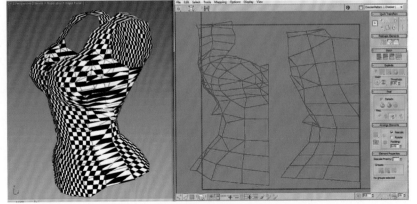

图3-87　胸部正面及背面UVW分离设置

（2）按照前面人体身体UVW编辑坐标的技巧及流程，对上半身装备正面及背面UVW根据模型的结构进行UVW的整体编辑，注意处理好装备侧面UVW点的衔接，然后对装备UVW的大小和位置进行合理的编辑及排列，如图3-88所示。

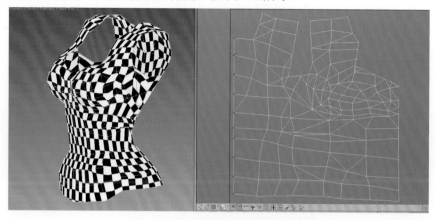

图3-88　身体装备整体UVW排列效果

（3）根据精灵牧师服饰的造型特点，对手臂衣袖部分的模型进行UVW坐标展开编辑，给衣袖模型指定Planar（平面）坐标，再执行 ◎（选择并旋转）命令，选择坐标轴到一定的角度，尽量与衣袖模型方向保持一致，如图3-89所示。执行修改器中的"UVW展开"命令，然后进入"UVW展开"的"顶点"层级，使用 ◎（自由形式）模式对衣袖UVW点进行局部调整，逐步分解各个部分的UVW展开编排，使UVW最大限度地不拉伸，如图3-90所示。

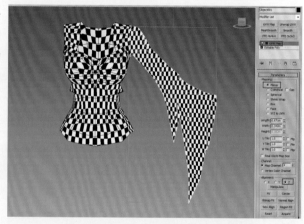

图3-89　衣袖模型的UVW坐标展开

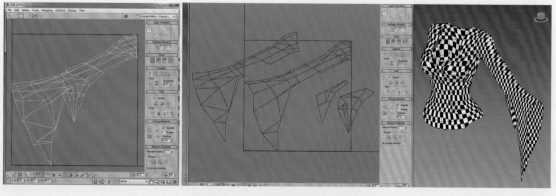

图3-90　手臂UVW整体编辑效果

（4）在完成衣袖整体UVW的编辑后，根据身体模型制作的结构造型定位，运用

UVW编辑技巧对上半身装备及衣袖的UVW进行合理编辑及排列，得到衣袖及上半身整体的UVW效果，如图3-91所示。

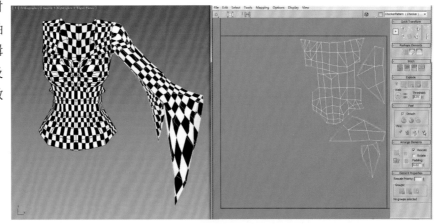

图3-91　衣袖整体UVW排列效果

（5）接下来给裙摆模型的UVW坐标按照前面的思路进行坐标展开，注意此部分我们结合胸部装备的模型结构指定Planar（平面）坐标，并进行坐标轴向的旋转及匹配，如

图3-92所示。结合腿部UVW的编辑流程及技巧，对裙摆正面及背面的UVW进行分离，同时结合手动调整对裙摆侧面的UVW进行合理的排列，如图3-93所示。

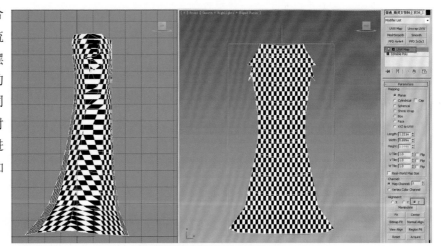

图3-92　裙摆UVW坐标指定及调整

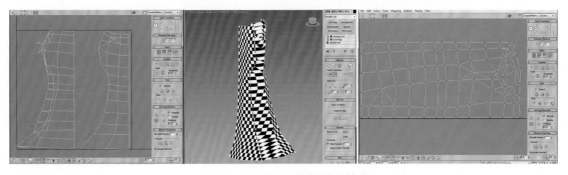

图3-93　裙摆UVW编辑排列效果

第3章　精灵牧师角色制作

125

（6）根据精灵牧师整体装备的整体设计特点，对已经编辑好的上半身、衣袖及裙摆的UVW根据制作流程规范进行合理的编辑及排列。运用UVW编辑技巧对装备内侧及外侧的UVW进行手动调整，并对侧面UVW进行合理的连接，注意接缝位置隐藏到内侧并调整UVW的大小和位置到合适的大小和位置，如图3-94所示。

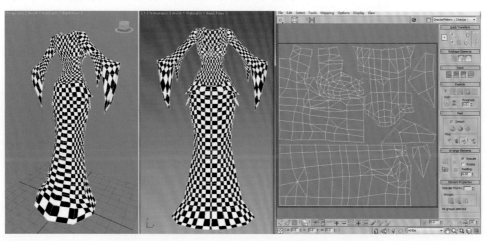

图3-94　精灵牧师装备UVW整体编辑及排列效果

（7）接下来给披肩模型进行UVW坐标指定，按照前面的思路进行坐标展开，注意此部分我们结合肩部装备的模型结构给披肩及羽毛指定Planar（平面）坐标，并进行坐标轴向的旋转及适配，如图3-95所示。结合肩部装备UVW的编辑技巧，对披肩外侧及内侧的UVW进行分离，并结合手动调整对脚部的UVW进行合理的排列，注意接缝位置合理安排到内侧位置，如图3-96所示。

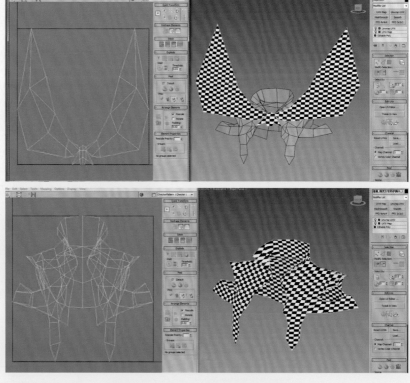

图3-95　披肩UVW坐标指定及展开

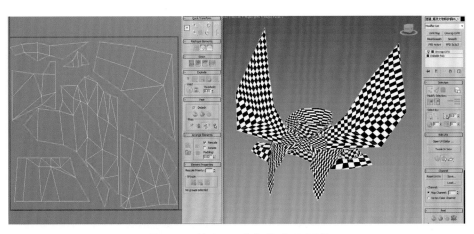

图3-96　披肩UVW坐标指定及调整

（8）对导入的身体模型的UVW进行坐标的指定及编辑，结合上面排列技巧把胸部及手臂各个组成部分的UVW合理地排列在象限空间，结合前面制作人体UVW的技巧进行细节的调整，如图3-97所示。

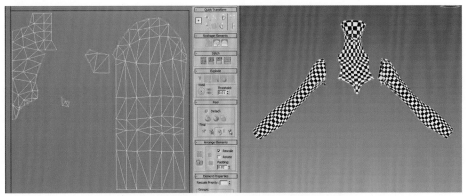

图3-97　身体模型整体UVW编辑及排列效果

（9）结合前面制作手部UVW的展开及编辑规范，对手套装备的UVW进行坐标展开及编辑，注意对手套背面及直面的衔接部分，即接缝位置的UVW进行衔接的调整，如图3-98所示。

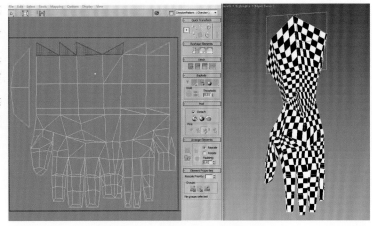

图3-98　手套模型UVW编辑效果

（10）再次对腰带模型的UVW根据模型的结构造型进行UVW展开及编辑，注意对腰带背面及直面的衔接部分，即接缝位置的UVW进行衔接的调整。腰带模型是两边完全对称的结构，因此我们在编辑的时候对其中一边进行合理的排列，如图3-99所示。

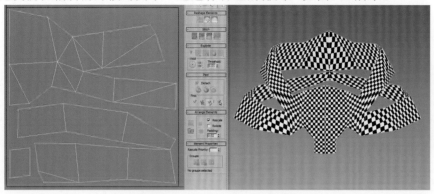

图3-99　腰带UVW展开及编辑

（11）对导入的腿部模型的UVW进行坐标的指定及编辑，结合身体排列技巧对腿部外侧及内侧接缝位置进行合理的衔接并排列在象限空间，如图3-100所示。

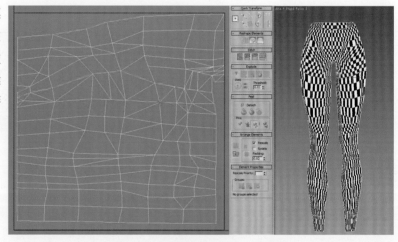

图3-100　腿部整体UVW排列效果

（12）再次对靴子模型的UVW进行坐标的指定及编辑。结合脚部排列技巧将靴子的UVW合理地排列在象限空间，注意腿部及脚部在排列UVW时进行细节的调整，如图3-101所示。

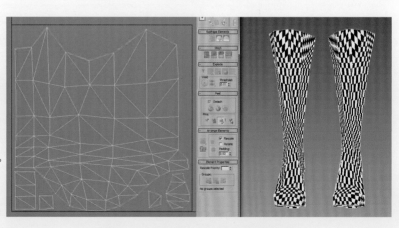

图3-101　靴子UVW编辑及排列效果

3.4 精灵牧师材质绘制

在完成精灵牧师模型、UVW的整体制作及编辑之后，接下来开始进入精灵牧师材质的制作流程，制作精灵牧师材质流程整体上主要分解为三部分：①人体模型灯光设置；②烘焙纹理贴图；③皮肤材质质感纹理绘制。

精灵牧师模型灯光设置

（1）首先进行环境光的设置。其方法是，执行菜单中的Environment and Effects命令（或按键盘上的8键），然后在弹出的Tint对话框中单击Ambient下的颜色按钮，在弹出的"Color Selecter（色彩选择）"对话框中将Tint中的Value调整到110，如图3-102所示。同上，将Ambient中的Value亮度调整为146。

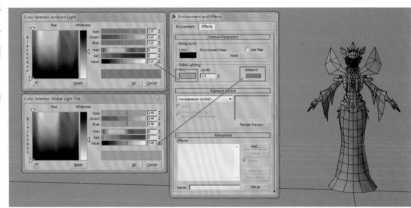

图3-102　环境参数的设置

（2）创建聚光灯。其方法是，单击（创建）面板下（灯光）中的Target Spot "聚光灯"按钮，然后在顶视图前方创建一个聚光灯作为主光源，调整双视图显示模式，切换到"透视图"调整聚光灯位置。根据精灵牧师材质属性的特点，结合模型结构对灯光的参数进行设置，如图3-103所示。

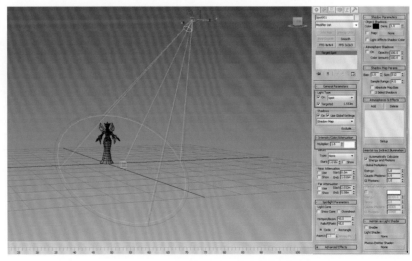

图3-103　环境灯光创建及位置调整

（3）精灵牧师模型环境辅光源（环境光、反光）的创建。其方法是，单击 （创建）面板下 （灯光）中的Skylight "天光灯" 按钮，同时对辅光的参数进行适当的调整，如图3-104所示。

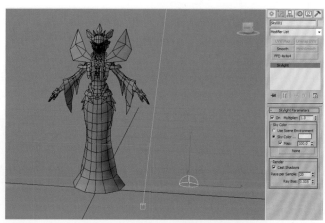

图3-104 调整日光灯基础参数

（4）精灵牧师模型背面环境辅光源（环境光、反光）的创建。其方法是，单击 （创建）面板下 （灯光）中的Omni "泛光灯" 按钮，同时对辅光的参数及位置进行适当的调整，如图3-105所示。

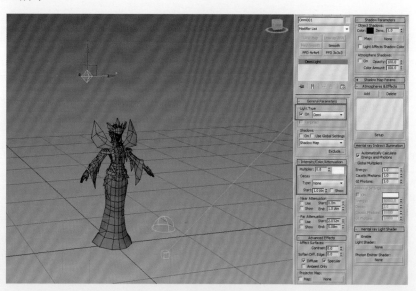

图3-105 背面辅光设置定位

（5）根据精灵牧师的结构造型变化及灯光参数设置，细致调整主光及各个辅光泛光灯参数。单击键盘F10进行及时渲染，反复调整灯光的参数，并对渲染的尺寸进行设置，得到明暗色调比较丰富的人体明暗效果。注意复制几个不同角度的精灵牧师模型进行整体渲染。渲染精灵牧师效果如图3-106所示。

图3-106　精灵牧师灯光渲染效果

3.5 精灵牧师材质纹理绘制

3.5.1 头部皮肤纹理绘制

（1）激活精灵牧师头部模型，进入Unrap UVW编辑窗口，在菜单栏选择Tool（工具）栏，在下拉菜单中选择Render UVW栏，在弹出的窗口设置头部UVW输出的尺寸大小，如图3-107所示。对设置好的UVW指定规范的路径及命名进行输出，如图3-108所示。

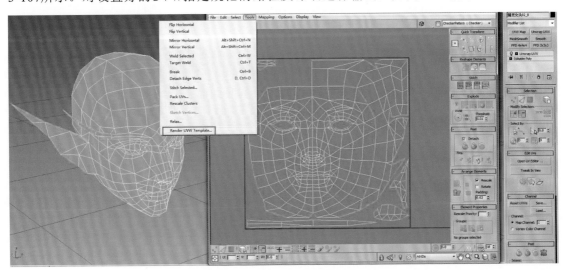

图3-107　头部UVW渲染设置

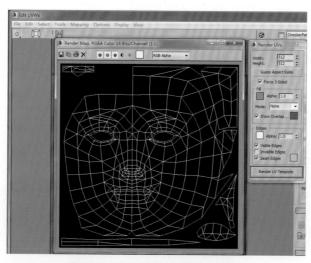

图3-108　输出的头部UVW结构

（2）单击键盘快捷键0键，打开"渲染到纹理"菜单栏，对菜单栏的基础参数根据头部UVW的排列进行设置，注意渲染的模式及渲染通道一定要正确，如图3-109所示。单击下面的Render按钮，在弹出的窗口选择继续，得到设置好灯光的头部明暗纹理贴图，如图3-110所示。

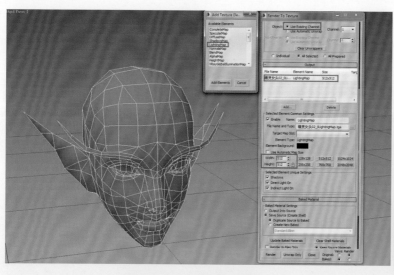

图3-109　头部渲染设置

图3-110　头部渲染输出效果

（3）激活Photoshop软件图标按钮，进入PS的绘制窗口，打开头部UVW结构线，将结构线提取出来，单击菜单栏"选择"下面的"色彩范围"，选项设置为"反向"，单击"确定"按钮，得到线框的选取，如图3-111所示。对UVW结构线选取进行填充，按住键盘上Ctrl+Delete键进行前景色的填充，得到底层和结构线分层PSD文件，同时打开前面烘焙的头部明暗纹理并保存PSD为"头部"文件，如图3-112所示。

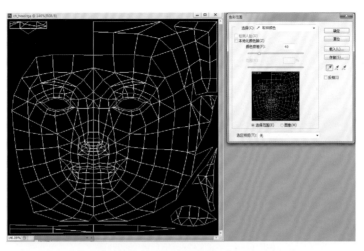

图3-111　头部UVW结构线提取

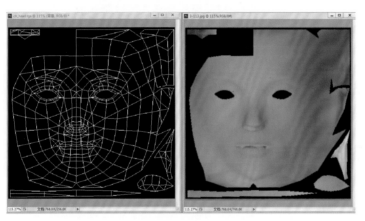

图3-112　头部UVW结构线及烘焙分层文件

（4）填充选定的皮肤色彩到"颜色"图层，与前面烘焙出来的头部明暗纹理进行图层的混合。设置皮肤纹理与明暗纹理的图层混合模式为"颜色"模式，得到整体的脸部纹理效果，如图3-113所示。

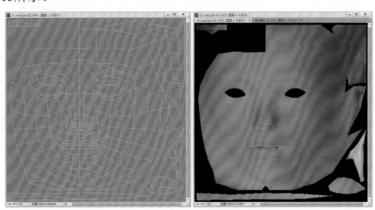

图3-113　脸部皮肤混合效果

第3章　精灵牧师角色制作

133

（5）激活画笔工具。单击 （画笔）工具按钮，在弹出的窗口中对画笔的各个选项根据绘制纹理的需要进行设置。在绘制头部皮肤的时候及时调整笔刷的大小及不透明度，反复刻画脸部皮肤过渡的色彩变化，如图3-114所示。同时结合3ds Max的头部模型显示效果进行细节的调整，更好地刻画脸部亮部及暗部的色彩关系，如图3-115所示。

图3-114　脸部皮肤纹理大体绘制效果

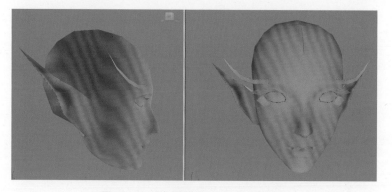

图3-115　头部模型色彩显示效果

（6）运用PS的色彩绘制技巧，对叠加的皮肤纹理及明暗纹理进行色彩明度、纯度、色彩饱和度细节的调整，特别是脸部正面与侧面的色彩变化，如图3-116所示。接下来开始对脸部五官细节进行局部的刻画。首先对嘴唇的皮肤纹理运用PS的绘制技巧逐步进行分层刻画，如图3-117所示。

图3-116　脸部皮肤纹理细节刻画

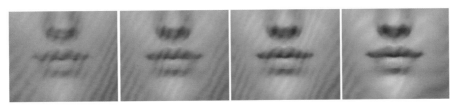

图3-117　嘴唇皮肤纹理细节刻

（7）结合嘴唇皮肤质感的绘制技巧，对鼻子的皮肤亮部及暗部的整体色彩冷暖关系结合光源变化进行精细刻画。在刻画的时候，注意运用不同的笔刷进行亮部及暗部的虚实关系及层次的变化，如图3-118所示。

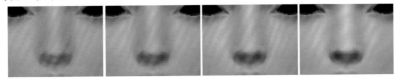

图3-118　鼻子皮肤精细刻画效果

（8）接下来我们对女性眼睛纹理结构及皮肤纹理细节进行精细的刻画，在刻画眼睛纹理细节的时候可以从其他部位的亮部及暗部吸取色彩，对左侧眼睛色彩明度、纯度、色彩饱和度等关系进行细节的调整及刻画，把握好眼睛色彩冷暖变化及明暗效果的表现，如图3-119所示。

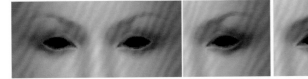

图3-119　眼睛整体纹理刻画效果

（9）根据人体头部模型的结构及光影关系结合PS的绘制技巧，对皮肤纹理脸部、暗部色彩的明度、纯度及色彩饱和度进行精细整体刻画，特别是根据五官的结构进行皮肤细节的调整，如图3-120所示。

图3-120　头部整体纹理细节刻画

135

（10）在绘制完成头部整体的皮肤纹理之后，再对整体的亮部及暗部的色彩明度、纯度、色彩饱和度进行细节的刻画。把绘制好的纹理指定给头部模型，并及时更新头部模型皮肤纹理显示效果，根据光源变化对眼睛、嘴部等五官部分的纹理细节进行精细的刻画，如图3-121所示。

图3-121　头部整体纹理刻画效果

3.5.2　头饰模型材质纹理绘制

（1）激活精灵牧师头饰模型。进入Unrap UVW编辑窗口，对头饰的UVW进行UVW的输出，同时调整头饰结构的灯光设置，对头饰模型进行灯光纹理烘焙渲染，如图3-122所示。

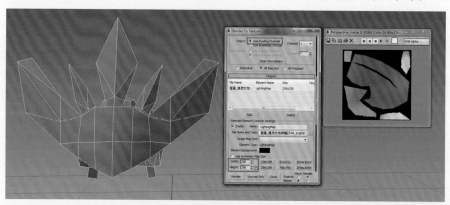

图3-122　头饰黑白纹理烘焙设置

（2）激活Photoshop软件图标按钮，进入PS的绘制窗口，打开头饰UVW结构线，将结构线提取出来，同时打开前面烘焙的头饰明暗纹理并保存为"头饰"文件，如图3-123所示。

图3-123　头饰UVW输出

（3）激活画笔工具，单击 ▨（画笔）工具按钮，在弹出的窗口中对画笔的各个选项根据绘制纹理的需要进行设置。绘制头饰时根据头饰纹理及时调整笔刷的大小及不透明度，反复刻画头饰各个部分的色彩变化，如图3-124所示。头饰部分与头发纹理结构一样，制作过程中需要给羽毛多个部分制作透明贴图，结合羽毛等部位的结构造型制作Alpha通道，如图3-125所示。同时结合3ds Max的头部模型所显示的效果进行细节的调整，更好地刻画脸部的亮部及暗部的色彩关系。

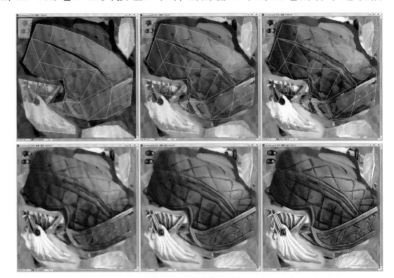

图3-124　头饰色彩细节刻画效果

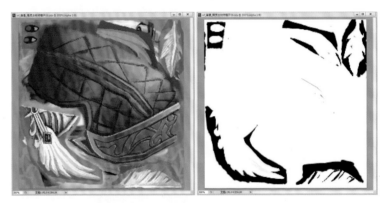

图3-125　头饰Alpha通道绘制效果

（4）结合头部模型一起，对绘制好的头饰纹理进行贴图，即根据模型指定材质的流程规范逐步进行透明贴图的指定，并根据模型材质所显示的效果对头饰的纹理质感进行细节的调整，如图3-126所示。

图3-126　头饰模型材质显示效果

第3章　精灵牧师角色制作

137

3.5.3 身体装备纹理绘制

（1）打开编辑好的身体装备部分UVW结构线，对编辑完成的身体装备UVW结构线进行渲染输出，设置输出的尺寸大小，如图3-127所示。

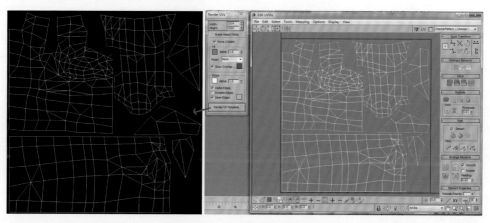

图3-127 装备UVW输出设置

（2）结合头部灯光烘焙的流程对胸部装备进行明暗纹理烘焙。按住Shift键拖动渲染输出的身体烘焙明暗纹理，放置到UVW结构线图层的下面，作为基础纹理底层，再次按住Ctrl+M键对烘焙纹理进行明暗关系的调整，同时指定明暗纹理到身体的模型，得到身体贴图纹理大体模型显示效果，如图3-128所示。

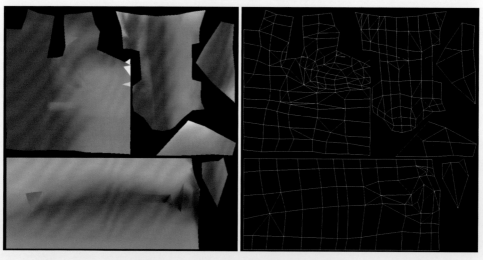

图3-128 身体烘焙纹理调整显示效果

（3）激活身体装备图层的分层通道栏，在身体烘焙纹理层的上面新建图层，命名为"颜色"。单击工具条▇前景色进行身体皮肤基础色彩的设置。结合头部色彩的整体变化，使用▨（吸笔）工具从头部吸取皮肤色彩作为身体的基础色彩，如图3-129所示。

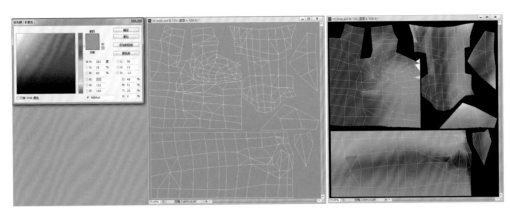

图3-129　身体皮肤基础色彩设置

（4）填充选定的皮肤色彩给"颜色"图层，与前面烘焙出来的身体明暗纹理进行图层的混合。设置皮肤纹理与明暗纹理的图层混合模式为"颜色"模式。运用不同的笔触对身体亮部及暗部的色彩进行绘制，特别是接缝位置的色彩变化，如图3-130所示。

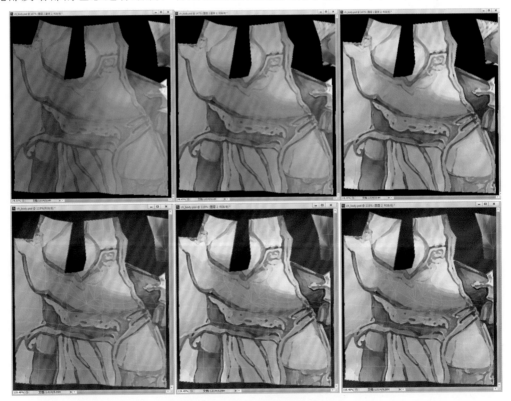

图3-130　身体皮肤混合效果

（5）激活画笔工具，调整笔刷的大小及不透明度调整变化，运用不同的笔触对皮肤纹理进行不同层次的绘制，反复刻画身体皮肤过渡的色彩变化。同时结合3ds Max的头部模型显示效果进行细节的刻画，注意处理好身体亮部及暗部的色彩关系，如图3-131所示。

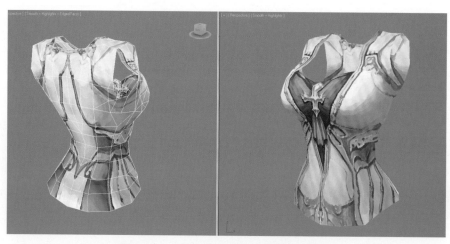

图3-131　身体装备服饰纹理显示效果

（6）结合身体装备色彩绘制技巧，继续对衣袖布料纹理质感进行亮部及暗部色彩的绘制，注意衣袖色彩的明度、纯度及色彩饱和度细节的调整。结合环境的变化对衣袖亮部及暗部色彩关系进行细节的刻画，如图3-132所示。结合上半身整体模型的结构造型变化，把绘制好的上半身服饰的纹理材质按照制作流程指定给装备模型，并结合灯光渲染进行纹理质感的细节刻画，如图3-133所示。

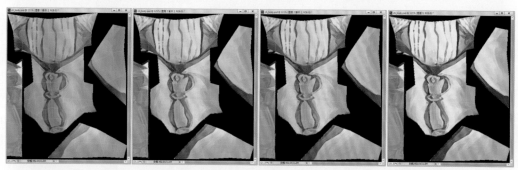

图3-132　衣袖纹理材质绘制效果

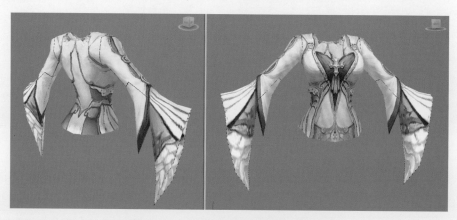

图3-133　上半身服饰纹理细节刻画

（7）根据精灵牧师模型的结构及光源的变化，结合上半身服饰设计的特点继续对下半身裙摆的材质纹理进行材质的细节刻画，如图3-134所示。结合笔触变化对精灵牧师整体服饰的亮部及暗部的整体色彩、冷暖关系进行精细刻画。在刻画的时候注意运用不同的笔刷进行亮部及暗部的虚实关系及层次的变化，如图3-135所示。

图3-134　下半身裙摆纹理精细刻画效果

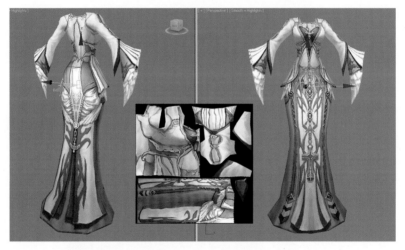

图3-135　精灵牧师整体服饰纹理材质细节刻画

3.5.4 手套材质纹理绘制

（1）打开手套模型并按照前面的制作思路提取手套UVW结构线。对输出的手套结构线进行基础参数的设置，如图3-136所示。

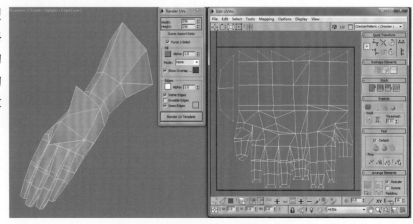

图3-136　手套UVW结构线输出设置

（2）结合身体装备模型灯光烘焙的制作思路，对手套模型进行明暗纹理的烘焙。同时结合UVW线框的分层提取，按住Shift键拖动渲染输出的手套烘焙明暗纹理放置到UVW结构线图层的下面，作为基础纹理底层，再次按住Ctrl+M键对手套烘焙纹理进行明暗关系的调整，同时给手套指定一个紫灰色作为基础色彩，如图3-137所示。

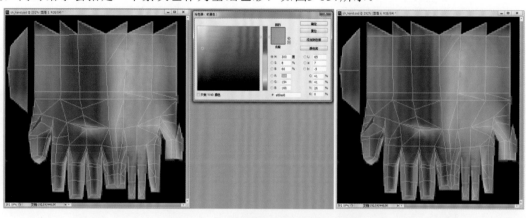

图3-137　手套基础色彩定位效果

（3）激活手套图层的分层通道栏，在手套烘焙纹理层的上面新建图层，手套纹理的亮部及暗部的整体色彩、冷暖关系结合笔触变化进行精细刻画。在刻画的时候注意运用不同的笔刷处理亮部及暗部的虚实关系及层次的变化。处理好手套内侧接缝位置的色彩变化，如图3-138所示。

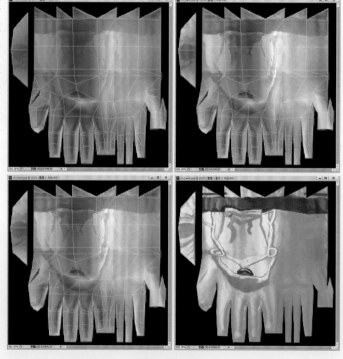

图3-138　手套纹理质感细节刻画效果

（4）把绘制好的手套纹理指定给3ds Max的头部模型，根据光源变化对衣袖亮部及暗部色彩的明度、纯度及色彩冷暖关系进行细节的刻画，与衣袖、身体装备的色彩关系整体上进行统一调整，如图3-139所示。

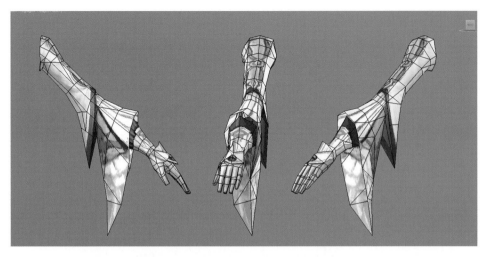

图3-139　手部模型皮肤纹理显示效果

3.5.5　披肩材质纹理绘制

（1）打开披肩模型进入
UVW编辑窗口，提取披肩的
UVW结构线，结合头发纹理
的制作思路提取手部的UVW
结构线。如图3-140所示。

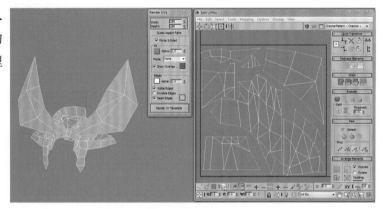

图3-140　披肩UVW结构线输出设置

（2）结合灯光烘焙制作
流程对披肩的模型进行明暗
色调的烘焙，注意根据光源
变化调整灯光的强度，得到
披肩贴图纹理的大体模型烘
焙纹理效果，如图3-141所示。

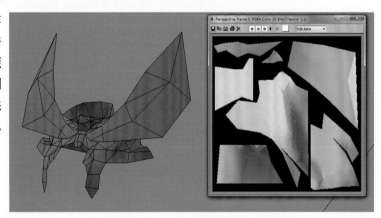

图3-141　披肩烘焙纹理曲线调整

（3）在PS中对披肩UVW结构线图层进行分层，在披肩烘焙纹理层的上面新建图层，命名为"颜色"。单击工具条■前景色进行披肩基础色彩的设置。结合身体装备色彩的整体变化，使用❏（吸笔）工具从身体装备吸取色彩作为披肩的基础色彩。填充选定的色彩到"颜色"图层，与前面烘焙出来的披肩明暗纹理进行图层的混合，如图3-142所示。

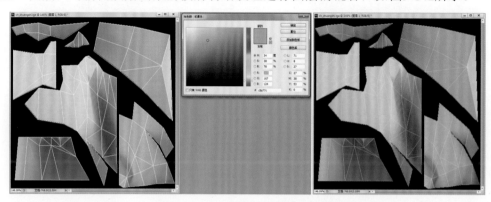

图3-142　披肩基础色彩混合效果

（4）根据披肩模型的结构及光源的变化，对披肩金属纹理质感、羽毛亮部及暗部的整体色彩、冷暖关系进行精细刻画。在刻画的时候要注意运用不同的笔刷进行亮部及暗部的虚实关系及层次的变化。特别处理好披肩外侧及内侧接缝位置的色彩变化，如图3-143所示。同时结合前面制作Alpha通道的方法对羽毛部分制作透明贴图的通道，如图3-144所示。

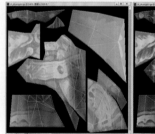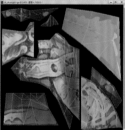

图3-143　披肩整体纹理质感刻画效果

图3-144　羽毛透明贴图Alpha通道制作

（5）把绘制好的披肩纹理指定到3ds Max的手部模型，根据光源变化对披肩亮部及暗部色彩的明度、纯度及色彩冷暖关系进行细节的刻画，与身体的色彩明度、纯度及色彩饱和度进行统一调整，如图3-145所示。

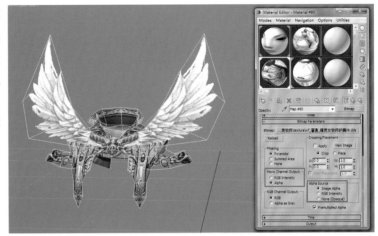

图3-145　披肩材质纹理刻画效果

3.5.6　腰带材质纹理绘制

（1）激活腰带模型进入UVW编辑窗口，结合装备纹理的制作思路提取腰带UVW的结构线，注意根据腰带模型的结构对UVW结构线进行输出设置，如图3-146所示。

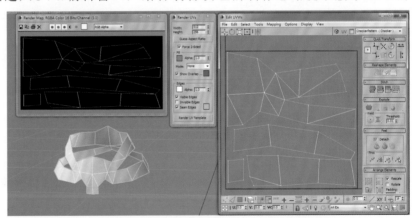

图3-146　腰带模型UVW结构线输出设置

（2）在PS中对腰带结构线进行提取，同时打开灯光烘焙明暗纹理，按住Shift键拖动渲染输出的脚部烘焙明暗纹理放置到UVW结构线图层的下面，作为基础纹理底层，再次按住Ctrl+M键对脚部烘焙纹理进行明暗关系的调整，同时指定明暗纹理给脚部的模型，得到腰带贴图纹理的大体模型显示效果，如图3-147所示。

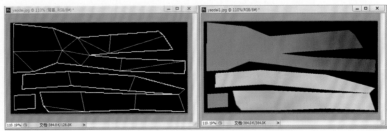

图3-147　腰带烘焙纹理曲线调整

（3）激活腰带图层的分层通道栏，在腰带烘焙纹理层的上面新建图层，命名为"颜色"。单击工具条 ■ 前景色进行腰带材质纹理基础色彩的设置。结合身体色彩的整体变化，使用 ✎（吸笔）工具从身体吸取皮肤色彩作为腰带的基础色彩。填充选定的皮肤色彩给"颜色"图层，如图3-148所示。

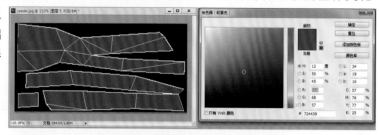

图3-148　腰带纹理基础色彩设置

（4）根据腰带模型的结构及光源的变化，对腰带亮部及暗部的整体色彩、冷暖关系进行精细刻画。在刻画的时候，注意调整笔刷的大小及不透明度进行亮部及暗部的虚实关系和层次的变化，特别是处理好腰带内侧及外侧接缝位置的色彩变化，如图3-149所示。根据腰部纹理材质的设计定位制作Alpha通道。对腰带珠子等的材质纹理进行细节调整，如图3-150所示。

图3-149　腰带材质纹理整体刻画效果

图3-150　腰带透明通道制作效果

（5）把绘制好的腰带贴图纹理指定给腰带模型，根据光源变化对腰带亮部及暗部色彩的明度、纯度及色彩冷暖关系进行细节的刻画，与身体装备的色彩明度、纯度及色彩饱和度进行统一调整，如图3-151所示。

图3-151　腰带材质纹理显示效果

3.6 精灵牧师模型材质整体调整

在完成精灵牧师整体纹理贴图绘制后，把材质逐步指定给精灵牧师换装模型的各个部分，结合灯光渲染检查各个连接部分出现的接缝位置的色彩关系，结合模型的UVW结构线与纹理进行统一调整。结合Photoshop绘制纹理贴图的技巧及光影变化从不同的角度进行渲染，加强各个部分材质质感的表现。根据精灵牧师设计特点进行渲染输出，如图3-152所示。结合引擎的输出应用，导出精灵牧师模型材质文件并结合三维场景的材质效果进行整体融合，得到比较完整的三维角色与场景结合的画面效果，如图3-153所示。

图3-152　精灵牧师模型材质最终完成效果

图3-153　三维角色与场景整体画面效果

3.7 本章小结

在本章中，我们介绍了写实精灵牧师的制作流程和规范，重点介绍了写实精灵牧师物件的模型结构、UVW编辑排列以及皮肤纹理色彩绘制的特点，并结合实例讲解了如何使用Max配合Photoshop制作三维模型及绘制纹理贴图的技巧。通过对本章内容的学习，读者应当对下列问题有明确的认识。

（1）掌握三维角色人体模型的制作原理和应用。

（2）了解精灵牧师换装模型制作的整体思路。

（3）掌握角色模型灯光设置的技巧及渲染的技巧。

（4）掌握角色烘焙纹理材质的绘制流程和规范。

（5）重点掌握三维角色模型制作与纹理绘制的流程。

3.8 本章练习

根据本章节中精灵牧师模型制作及材质纹理制作的技巧，从光盘提供的角色原画中选择一张法系职业的女性角色原画，按照本章节制作流程规范完成模型制作、UVW编辑、灯光渲染烘焙及材质纹理的整体制作。

第4章 暗黑猎手角色制作

章节描述

　　本章重点讲解暗黑猎手的角色制作。暗黑猎手与精灵牧师同属于魔幻风格游戏角色。根据文案对各个种族职业定位的描述，暗黑猎手属于物理属性的远程攻击职业，服饰材质纹理以暗黑、暗红色作为主色调，同时附加综合材质构成暗黑猎手的职业特性。我们将通过对暗黑猎手换装模型的制作流程及制作技巧精细讲解，进一步掌握换装角色在三维产品中的应用，本例以手绘加综合材质混合的制作思路用以加强对毛发、金属、布料等的材质质感表现。

- ● **实践目标**
- － 了解暗黑猎手模型制作的规范及制作技巧
- － 掌握暗黑猎手UVW编辑思路及贴图绘制技巧
- － 掌握暗黑猎手金属、毛发、布料等材质质感的绘制技巧
- ● **实践重点**
- － 掌握暗黑猎手换装模型制作流程及制作技巧
- － 掌握暗黑猎手各个部分材质质感表现及绘制流程
- ● **实践难点**
- － 掌握暗黑猎手模型制作及UVW编辑流程及制作技巧
- － 掌握暗黑猎手装备各个部分材质质感的绘制流程及规范
- － 掌握毛发及布料透明贴图的制作技巧

4.1 暗黑猎手概述

4.1.1 暗黑猎手文案设定

暗黑猎手与精灵牧师同属于精灵族，本例将要制作的暗黑猎手角色的设定文案如下。

背景：暗黑猎手是具有高伤害、强攻击性的高阶远程物理职业。暗黑猎手在精灵族中的职业定位为猎手，属于队伍中伤害输出的主力。暗黑猎手在种族中拥有较高的社会地位及荣誉值。

特征：年龄约为二十四五岁，身手敏捷。对周边环境有很强的感知力、性格孤傲、习惯于独行。装备造型设计需要有物理属性服饰的特点：简洁，利索，以此来衬托暗黑猎手英姿飒爽的体态特征。

技能：暗黑猎手擅长使用弓箭、长矛一类的法器。行动优雅洒脱，但由于其职业特性决定了暗黑猎手属于远程物理系，因此猎手可以使用一些武器技能属性加成以增强自身的战斗能力。

4.1.2 暗黑猎手服饰特点

暗黑猎手身上的服饰以暗红、深灰色、暗紫色为主体色彩，包含了丰富多彩的服饰组合（皮甲、布料等）用以衬托暗黑猎手神秘的职业特征。暗黑猎手擅长远程控制，他们身上并没有厚重的铠甲，而是以皮甲及布料组合材质为主的服饰。暗黑猎手们是信奉大自然的神灵，其衣服武器上都画有或者刻有他们信奉的神灵的图腾。服饰的颜色也以暗红、深灰色、暗紫色为主体色系，这样便可使得暗黑猎手更好地适应于野外生存及战斗。在使用武器技能方面，主要以高暴击物理远程伤害的武器为主。高暴击物理远程伤害的武器有很强的战斗控场及群体伤害技能，使得暗黑猎手成为队伍中最强大的主攻手。暗黑猎手整体色彩绘制效果如图4-1所示。

图4-1　暗黑猎手整体材质效果

4.1.3 暗黑猎手模型分析

在了解和分析了暗黑猎手形象特征及服饰特点后，我们根据文案的内容提示，开始进入暗黑猎手的模型及材质纹理绘制过程分解。制作暗黑猎手模型的时候，初步使用标准几何体，采用多边形的建模方式结合换装分块的方法逐步完成暗黑猎手各个部分模型及纹理制作。

暗黑猎手制作主要分为三个阶段：①暗黑猎手模型的制作；②暗黑猎手UVW展开及编辑；③暗黑猎手灯光烘焙及纹理绘制。

在制作暗黑猎手模型之前，首先要根据暗黑猎手的原画或者参考图对要制作的人体结构进行分析。通过对暗黑猎手原画的分析，然后结合角色模型来制作规范。

暗黑猎手要分为三个大的环节来完成整体模型的制作：①暗黑猎手头部的制作；②暗黑猎手身体模型的制作；③暗黑猎手装备模型的制作。

4.2 暗黑猎手的模型制作

暗黑猎手模型的制作需要结合前面换装模型结构的制作思路，在精灵角色裸体模型的基础上对暗黑猎手各个部分的装备结构进行细节的制作。暗黑猎手角色模型中大部分的制作都是以身体作为主体。结合多边形编辑的技巧分别对角色头部装饰物件、身体装备、腿部服饰等各个模型结构进行准确的定位以及制作。所以我们制作头部装饰物件模型的时候，需要结合前面精灵的结构造型特点进入模型的制作过程。

4.2.1 头部及头发模型结构制作

（1）首先打开3ds Max2017进入操作面板，导入前面制作的精灵牧师人体模型，根据三维角色制作规范流程对人体模型的坐标位置、顶点信息进行归位。同时将系统的单位根据制作规范进行设置，将其与所用尺寸互相匹配，如图4-2所示。

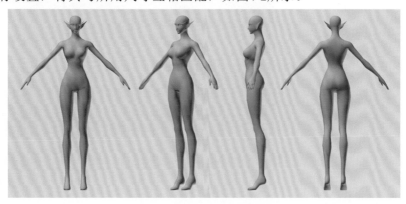

图4-2 精灵人体模型导入

（2）选择精灵头部模型，以头部模型的结构造型作为参照定位，然后逐步制作暗黑猎手头部饰物模型的各个组成部分。首先制作头发部分的模型结构。其方法是，进入■（面层级）模式，选择额头前面的面，按住Shift键，结合✛（选择并移动）键，往前拖动进行面的复制，调整到合适的位置，如图4-3所示。

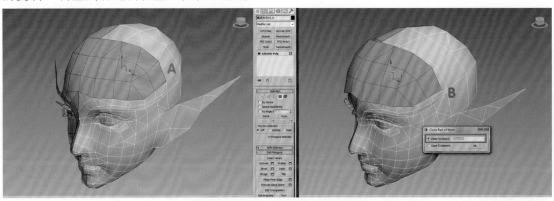

图4-3　创建基础圆管模型

（3）进入◁（面层级）模式，根据头发生长的方向调整右侧头发的结构造型，同时对头发的结构在前视图及透视图两个视图的参考下执行Exturde（拉伸）命令，往下拉伸右侧头发的结构的同时并注意进行细节部分的调整。制作头发时注意结合头部的模型结构进行整体匹配，如图4-4所示。对右侧头发发梢模型的结构进行细节的刻画，注意发梢末端分叉部分模型结构线的角度变化，如图4-5所示。

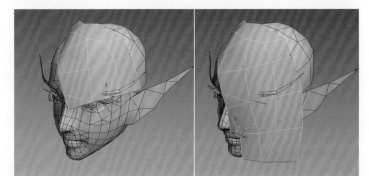

图4-4　右侧头发大体模型结构调整

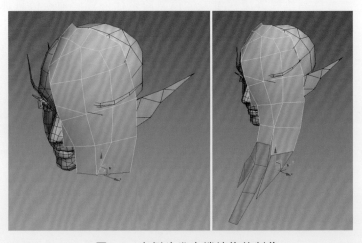

图4-5　右侧头发末端结构的制作

（4）结合右侧头发制作的思路继续完成左侧头发模型的结构。进入 ■（面层级）模式，复制右侧头发顶部模型结构，运用 ■（选择并移动）工具对左侧头发造型进行点线面的结构调整，如图4-6所示。结合头部模型及右侧模型结构的造型变化，逐步完成左侧头发结构的细节制作。注意左侧模型结构与右侧模型结构的变化，如图4-7所示。

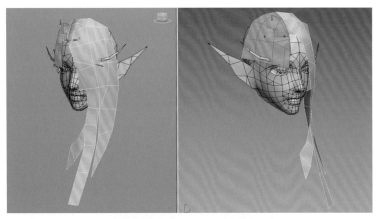

图4-6　左侧头发大体结构制作

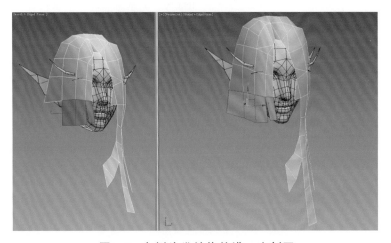

图4-7　左侧头发结构的进一步刻画

（5）结合多边形模型制作及编辑的技巧制作头部大体的结构。左侧头发的末梢结构运用 ■（选择并移动）、■（选择并缩放）键分别在前视图及侧视图两个视图中对头部正面及侧面的结构进行调整，注意多结合女性角色头部模型的造型来调整头发的结构变化，如图4-8所示。

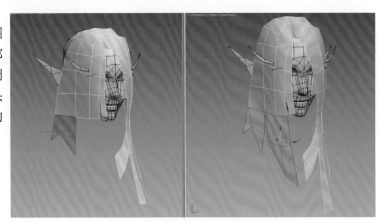

图4-8　左侧头发末梢模型结构刻画

（6）结合头部后脑勺的模型结构造型，进入到 ▣（面层级）模式，选择后脑勺的面进行复制并移动到合适的位置，运用多边形的编辑技巧刻画头发顶部模型结构的变化，我们采用同步关联镜像复制的方式进行模型复制，得到顶部头发的基础模型，如图4-9所示。

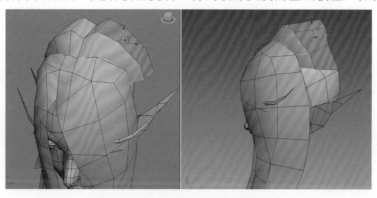

图4-9　头发顶部模型的基础结构

（7）根据头发模型结构造型的特点，继续对头发后面的结构进行拉伸编辑，并进入 ▣（面层级）模式。结合 ⊕（选择并移动）命令，对头发后面大体结构进行准确定位。注意从正面、侧面对头发模型的结构进行微调，如图4-10所示。在刻画后面头发模型造型时，需要再次对头发侧面的面进行复制和结构的调整，作为侧面发丝的结构进一步的刻画，同时进行点、线结构位置的适当调整，如图4-11所示。

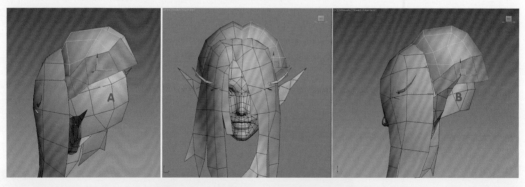

图4-10　头发后面模型结构大体定位

图4-11　侧面及发丝模型结构进一步调整

（8）再次对头发后面的模型结构进行进一步调整，拉伸后面头发的面到合适的位置，运用多边形编辑技巧进入点线面状态对头发后面的结构从正面、侧面进行细节的调整，得到比较明确的头发形体结构，如图4-12所示。

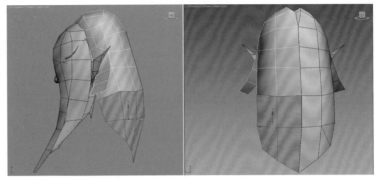

图4-12　头发后面模型结构编辑效果

（9）在完成头发大体模型制作之后。结合前面制作模型的基本思路，对头发侧面发丝的模型结构进行细节的造型制作，根据头发整体的结构走向及外部造型特点运用剪切命令添加侧面发丝的结构线段。进入　（点层级）模式，运用　（选择并移动）命令对发丝结构进行细节的刻画，如图4-13所示。

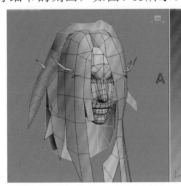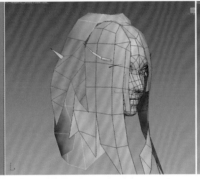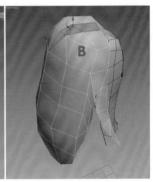

图4-13　侧面发丝模型结构局部刻画

（10）继续对头发顶部发丝的模型结构进行进一步制作，首先复制侧面头发的面作为顶部头发发丝第一层基础结构，运用移动及旋转工具对顶部发丝进行位置及角度的调整。运用剪切命令添加线段，注意结合发丝结构进行线段的添加，如图4-14所示。按照同样的思路对第二、第三层顶部发丝的模型结构进行编辑，运用点线面的编辑技巧，分别对第二、第三层发丝模型形态从正面及侧面进行细节的调整，如图4-15所示。

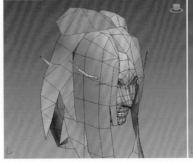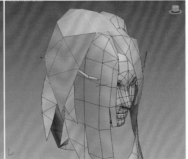

图4-14　顶部发丝第一层模型结构制作

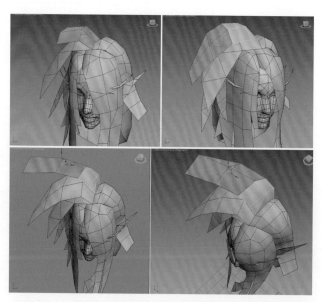

图4-15 顶部发丝第二、第三层模型结构调整效果

（11）在调整完成头发整体的模型
结构后，根据角色头发设计的定位继续
对装饰发辫的模型结构模型的制作，注
意从前视图及侧视图两个视图来观察及
调整发辫形体的变化，如图4-16所示。

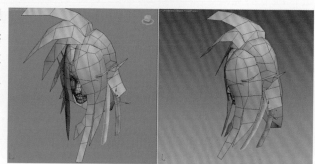

图4-16 发辫模型结构的制作

（12）结合头发造型结构继续完成发饰物件的模型制作。在完成头发整体模型的制作后，
再次对头发饰物的模型结构进行精确的定位，在设计上要结合原画造型设计中包含的特点
进行模型的制作，如图4-17所示。在制作模型时要根据发饰的结构对前面及后面的模型进
行分层制作。从不同的视图里查看模型，来调整发饰模型点线面及布线结构的变化，如图
4-18所示。

图4-17 发饰基础模型结构制作效

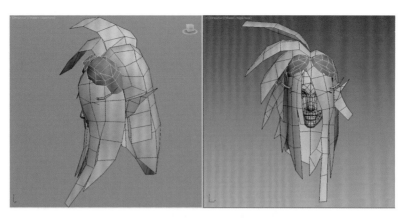

图4-18 发饰模型结构的细节刻画

4.2.2 身体模型制作

（1）结合女性裸体模型换装结构特点，对女性人体上半身标准模型胸部模型的结构及位置进行合理的调整。我们在制作暗黑猎手的身体装备模型时也会结合标准的人体结构进行合理匹配，如图4-19所示。

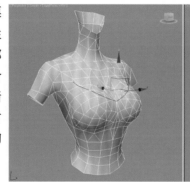
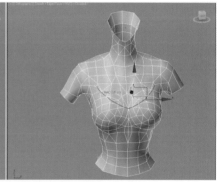

图4-19 上半身胸部结构线定位

（2）在完成身体模型结构之后，继续对身体右手护臂的模型结构进行细节的刻画，进入 ◁（边层级）模式，选择右手手臂的边，在 ◩ 修改中，下拉菜单中选择Extrude（挤压）命令。沿着手臂的结构逐步挤压出护臂的前段大体结构，从透视图的各个角度进行模型线段的位置调整。结合 ◎（选择并旋转）命令，对拉伸出来的线段按照手臂装备结构进行一定角度的旋转，如图4-20所示。

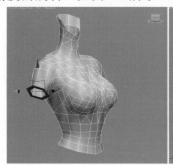
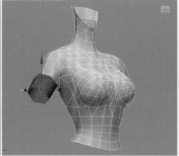
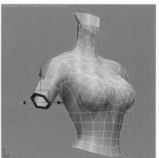

图4-20 右手护臂模型结构挤压效果

（3）结合上臂模型的制作技巧，继续对手臂的外边进行挤压，逐步完成前臂的模型结构，在挤压前臂中部结构的时候，结合 ▣（选择并缩放）命令进行缩放。继续挤压前臂部分的结构线段，拉伸线段用来制作前臂前段位置并对线段进行缩放，调整到合适的大小，如图4-21所示。

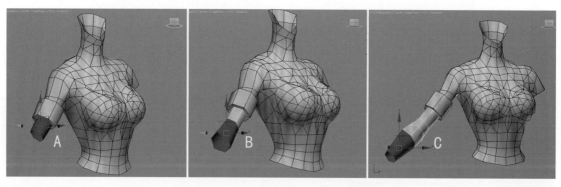

图4-21　右手前臂模型结构拉伸制作

（4）再次执行Extrude（挤压）命令，挤压前臂中段的模型结构，调整挤压线段的位置，并运用 ▣（选择并缩放）命令对挤压出的线段进行缩放，得到明确前臂形体结构模型。同时复制右手前臂的面进行分离，并对线段进行缩放及位置合理的调整，如图4-22所示。

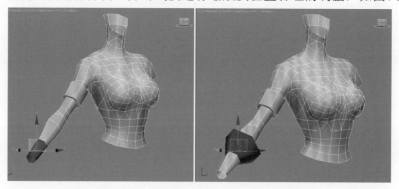

图4-22　右手前臂及装备模型结构调整效果

（5）在完成身体右手手臂的细节刻画制作后，接下来继续对手部的模型结构继续进行细节的制作，首先运用多边形编辑技巧对手掌部分模型进行线段的挤压，并运用移动、缩放工具对点线面进行细节的调整。在制作手部结构的时候尽量简洁概括，注意手指关节部分布线结构的变化，如图4-23所示。

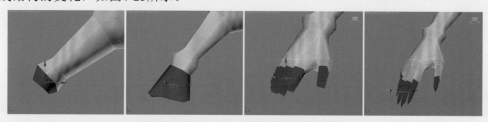

图4-23　右手掌模型结构制作效果

（6）在完成手臂左侧模型装备结构之后，继续对身体左手护臂的模型结构进行细节的刻画，进入 ◁（边层级）模式，选择右手手臂的边，在 ☑ 修改下拉菜单中选择Extrude（挤压）命令。沿着手臂的结构逐步挤压出左手手臂，注意肘关节结构造型的刻画，如图4-24所示。

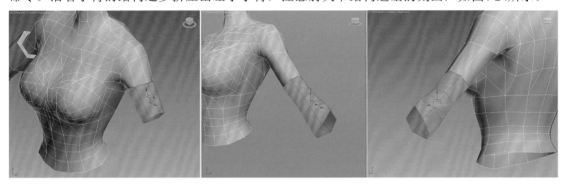

图4-24 左手手臂模型结构制作

（7）再次执行Extrude（挤压）命令，挤压前臂中段的模型结构，调整挤压线段的位置，并运用 ☑（选择并缩放）命令对挤压出的线段进行缩放。对左手护腕的模型结构进行细节的刻画，注意在编辑护腕结构线时要概括，结合右手手臂模型进行整体调整，如图4-25所示。

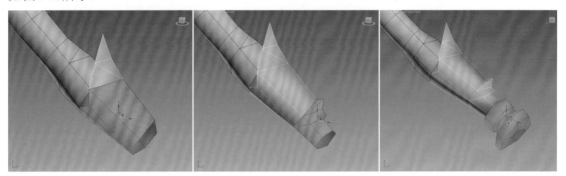

图4-25 左手护腕模型细节调整效果

（8）继续对手部的模型结构进行细节的制作，首先运用多边形编辑技巧对手掌部分模型进行线段的挤压，并运用移动、缩放工具对点线面进行细节的调整。在制作左手手部结构时尽量简洁概括，注意手指关节部分布线结构的变化，如图4-26所示。

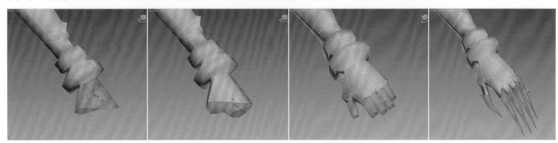

图4-26 左手模型结构制作效果

4.2.3 身体装备模型制作

（1）结合多边形模型制作及编辑的技巧制作身体装备的大体造型。进入 ▣（面层级）模式，在复制身体模型肩部左侧的面，指定一个不同的材质球设置不同的颜色，运用⊕（选择并移动）工具分别在前视图及侧视图两个视图中调整左侧肩甲模型的位置，运用多边形编辑技巧逐步完成肩甲的结构造型。注意多结合女性角色身体模型的造型调整肩甲点线面的结构，如图4-27所示。同时结合胸部及肩部整体模型结构变化，对左侧肩甲装备的后面模型结构进行进一步细节刻画，注意与人体模型结构进行合理匹配，如图4-28所示。

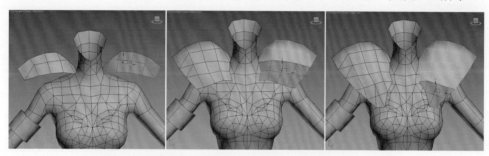

图4-27　左侧肩部装备基础结构制作

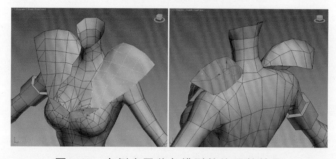

图4-28　左侧肩甲装备模型整体调整效果

（2）结合肩甲造型设计特点，继续对左侧肩甲第二层的模型结构进行细节的刻画。结合暗黑猎手结构特点对第二层左侧肩甲模型结构进行调整及细节刻画，如图4-29所示。为便于身体模型在制作时进行准确结构定位，进入到 ▣（面层级）模式，逐步完成二层左侧肩甲装备模型结构的细节刻画，注意装备模型与身体基础模型造型变化，如图4-30所示。

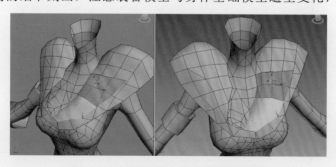

图4-29　左侧肩甲二层装备模型制作

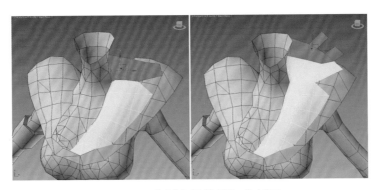

图4-30 左侧肩甲模型细节刻画

（3）根据暗黑猎手模型结构造型的特点，接下来继续对右侧肩甲装备的大体结构进行制作。结合左肩装备模型制作思路对右侧肩甲二层模型的大体结构进行点线面结构的调整。注意根据女性肩甲整体的结构造型进行点、线结构位置的适当调整，如图4-31所示。

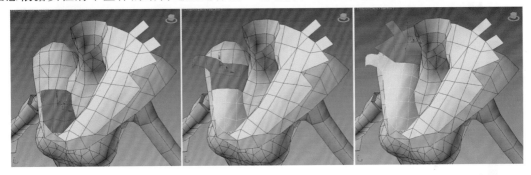

图4-31 右侧肩甲模型结构细节制作

（4）继续对肩甲与胸部连接部分装备的模型进行细节制作。复制肩甲正面的面，运用多边形编辑技巧结合女性胸部的结构特点进行模型细节的刻画，在拉伸线段时注意从各个不同的视图进行点、线结构位置的适调整，与上身身体的布线结构保持一致，如图4-32所示。

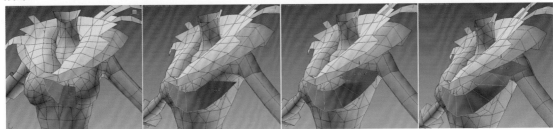

图4-32 肩甲连接模型结构制作效果

（5）继续完成肩部连接装备延伸至肩部大体的模型结构，进入■（面层级）模式，选择肩部连接的面继续进行拉伸，注意与肩部及背部的模型结构线进行位置合理的编辑，如图4-33所示。

图4-33 肩部连接模型结构整体制作

（6）结合前面的制作思路继续完善肩甲羽毛大体模型结构制作，注意在编辑羽毛模型时要根据肩甲的结构布线进行合理调整，结合移动、旋转等编辑工具调整羽毛模型的布线，如图4-34所示。

图4-34 肩甲羽毛模型结构制作

（7）根据暗黑猎手肩甲造型设计的特点，继续完成金属盔甲部分模型结构细节制作及调整，特别要结合肩部模型的关节结构进行模型结构的制作，如图4-35所示。结合多边形编辑技巧对肩部盔甲的尖刺结构进行细节刻画，注意布线结构的合理性，如图4-36所示。

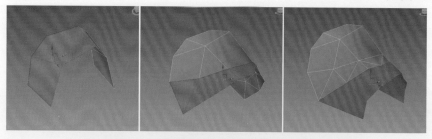

图4-35 肩部盔甲结构造型细节刻画

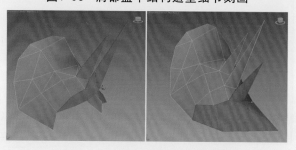

图4-36 肩部盔甲细节刻画效果

（8）根据暗黑猎手角色服饰特点，需要对下半身腿部的裙摆服饰的模型结构进行进一步的刻画，进入■（面层级）模式，复制腿部的面并结合■（选择并缩放）命令进行放大，根据女性腿部造型的特点逐步对裙摆模型进行整体结构调整，如图4-37所示。继续运用拉伸工具对裙摆腿部的模型结构进行线段的拉伸，调整到合适的位置。注意结合女性臀部及腿部的结构进行细节的调整。注意服饰造型的变化，如图4-38所示。

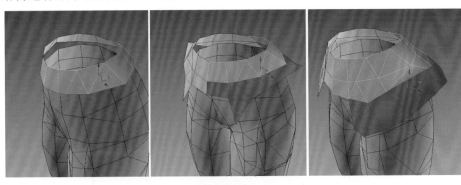

图4-37　裙摆模型结构大体制作

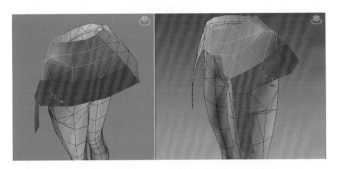

图4-38　裙摆腿部模型结构进一步制作

（9）继续对腿部裙摆网格模型结构进行刻画，注意从不同的视图调整裙摆正面、背面网格模型的结构造型。在制作网格结构线时要结合裙摆整体的结构进行细节刻画，如图4-39所示。继续根据腿部的结构逐步拉伸网格模型到小腿的结构位置。在制作小腿模型结构的时候要注意正面及背面结构线的变化，同时将大腿、膝关节整体模型结构布线进行细节调整，把握好暗黑猎手裙摆模型结构的造型变化，如图4-40所示。

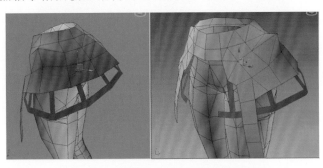

图4-39　裙摆网格模型结构大体制作

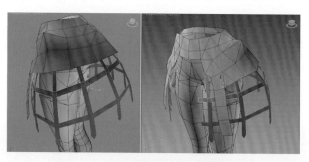

图4-40　裙摆网格腿部模型整体刻画

（10）结合网格裙摆模型结构准确的
定位，对裙摆内部的飘带模型结合腿部的
结构变化进行模型结构的制作，注意结合
大腿结构布线进行调整，如图4-41所示。

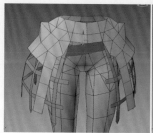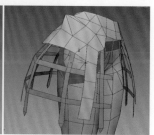

图4-41　裙摆内部飘带模型结构制作

（11）在完成裙摆的模型结构后，根据下半身腿部装备造型设计的特点，对臀部后面的披
风模型逐步进行拉伸制作，注意在制作披风模型的时候要结合臀部及膝关节模型结构对整体
造型进行细节的刻画，如图4-42所示。注意在拉伸腿部披风模型的时候，模型结构的布线要
求要规范合理，尽量以大结构造型为主，再结合腿部的模型布线整体调整，如图4-43所示。

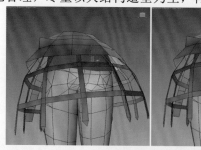

图4-42　腿部披风模型的大体制作

图4-43　腿部披风整体模型细节调整效果

（12）在完成披风模型之后，接下来继续完成小腿装备模型的制作。结合小腿模型结构线进行装备结构的拉伸制作，从透视图的各个角度进行模型线段的调整。根据小腿的结构进行线段的缩放，调整到合适的位置，如图4-44所示。

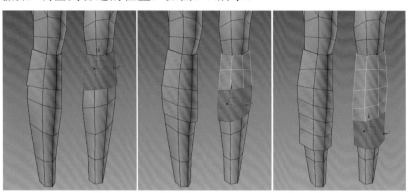

图4-44　小腿装备大体模型结构制作效果

（13）在完成小腿模型部分后，结合踝关节结构的变化继续完成踝关节装备模型结构的造型制作，注意在拉伸线段时要结合女性的脚部结构进行调整，对模型的布线要求一定要规范合理，尽量以大结构造型为主，如图4-45所示。

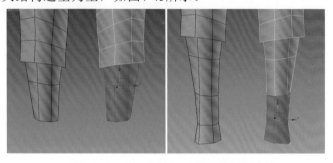

图4-45　踝关节部分模型结构制作

（14）根据脚跟模型的结构造型特点，运用多边形编辑的技巧制作靴子的模型，在调整结构线的时候结合脚部靴子的鞋跟、脚底及脚尖部分的模型进行细节的制作。注意调整靴子模型结构线的布线时要注意从不同的视角反复调整，注意靴子脚跟及脚尖动态模型结构的变化进行布线，如图4-46及图4-47所示。

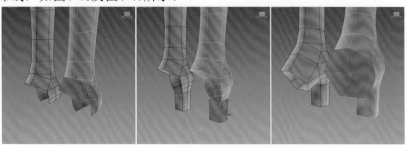

图4-46　鞋跟模型结构大体制作

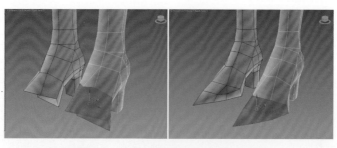

图4-47　脚掌及脚尖模型结构调整

　　（15）根据脚部模型结构进行进一步完成靴子附属物件模型的刻画。进入▣（面层级）模式，复制腿部的面并结合 ▣（选择并缩放）命令进行放大，根据靴子的整体模型结构进行点线面的细节调整，根据暗黑猎手的脚部造型特点对靴子进行整体结构调整。注意与靴子模型布线进行合理性匹配，同时对左右靴子的模型结构进行区分，制作出左右靴子端口处不同模型结构变化，如图4-48及图4-49所示。

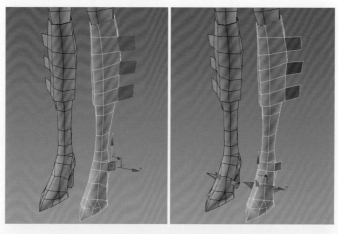

图4-48　靴子附属物件整体模型结构制作

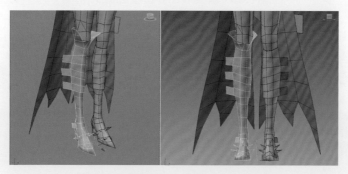

图4-49　靴子左右结构造型的变化

　　（16）最后对暗黑猎手的整体模型进行结构的调整，特别是对身体与装备的模型结构线进行细致的刻画。对身体模型及装备的模型进行点线面的合并及模型与法线进行统一。按照三维换装角色的规范流程进行子模型的模块划分，如图4-50所示。

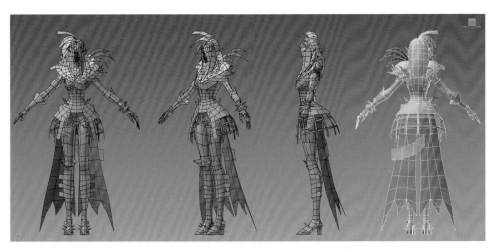

图4-50 暗黑猎手整体模型调整效果

4.3 暗黑猎手UVW的展开及编辑

在完成暗黑猎手模型的模型细节制作之后，接下来开始按照三维角色的制作流程，对暗黑猎手换装各个模块部分的模型结构进行UVW的指定及编辑。在对暗黑猎手UVW进行编辑时，我们还是根据建模的整体思路逐步分解进行。

4.3.1 头部模型的UVW展开

（1）激活头部的模型，对头部的UVW根据模型结构进行展开。打开 材质编辑器，给头部指定一个材质球，同时指定一个棋盘格作为基础材质，点击轮盘棋盘格纹理将其赋予暗黑猎手并设置棋盘格菜单栏中的基础参数。观察UV的分布是否合理，如图4-51所示。

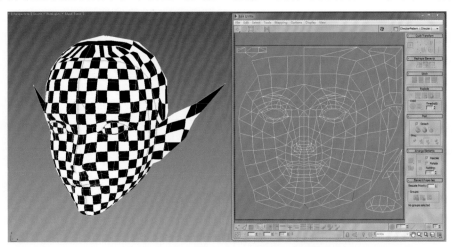

图4-51 头部Planar（平面）坐标展

167

（2）选择头部侧面头发部分的模型，结合UVW的编辑技巧，对头发正面及侧面的头发模型分别进行UVW的坐标展开及编辑，运用UVW的编辑工具及编辑技巧进行整体的编辑及排列，合理排列在编辑窗口，尽量减少拉伸的UVW，如图4-52及图4-53所示。

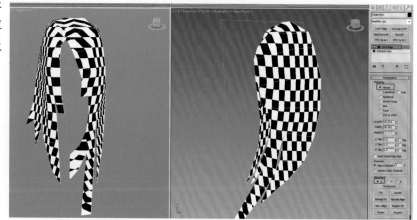

图4-52　头发侧面UVW展开及编辑

图4-53　头发背面UVW编辑及排列效果

（3）结合模型制作的思路，在指定完成头发主体UVW的编辑之后，根据头顶发丝模型结构逐步逐层分别指定不同的UVW展开方式，并运用旋转工具旋转坐标到一定的角度进行适配，如图4-54所示。结合UVW的编辑的技巧对头发主体部分的UVW在编辑窗口进行合理的排列，如图4-55所示。

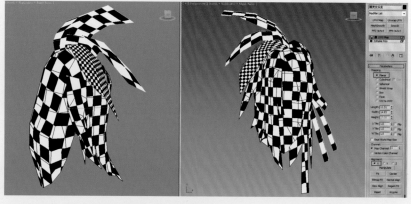

图4-54　发丝UVW展开及编辑制作

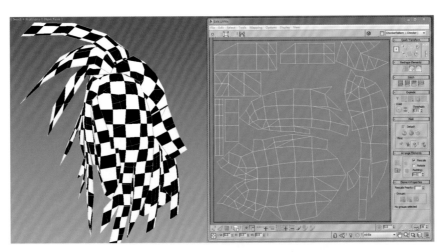

图4-55　头发主体UVW展开及排列效果

（4）继续对发饰的模型进行UVW坐标展开及编辑，根据发饰物件的结构指定平面坐标，设置轴向为"Z"，运用旋转工具进行角度方向的调整，如图4-56所示。运用UVW编辑技巧对发饰UV进行合理的排列，注意此部分我们尽量用直线对边缘UV线进行对齐，如图4-57所示。

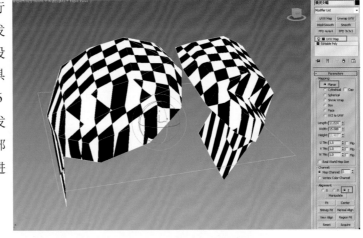

图4-56　发饰模型UVW展开

第4章　暗黑猎手角色制作

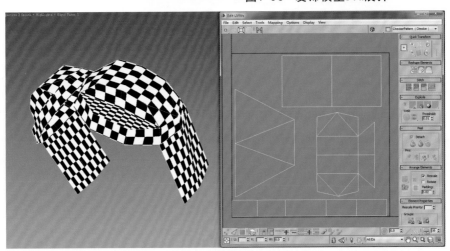

图4-57　发饰模型UVW排列效果

169

（5）根据披肩模型结构特点，分别对披肩各层的模型进行UVW坐标展开及编辑，根据披肩的模型结构指定平面坐标，设置轴向为"Z"，运用旋转工具进行角度方向的调整，如图4-58所示。根据披肩连接体模型的结构运用UVW展开及编辑技巧对披肩连接体UV进行合理的排列，此部分UVW指定与披肩的UVW展开及编辑保持统一，如图4-59所示。

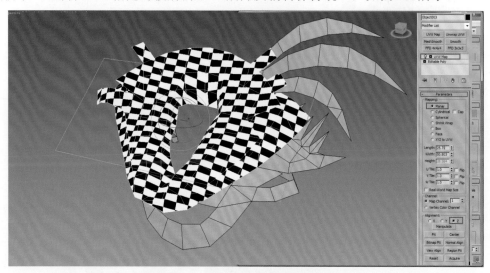

图4-58　披肩UVW整体指定及编辑

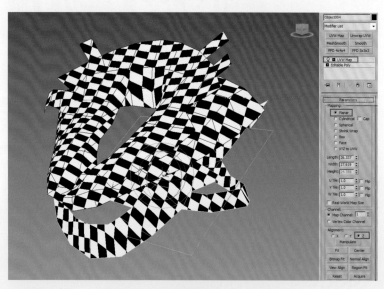

图4-59　披肩连接体UVW指定

（6）根据暗黑猎手的肩甲模型结构造型变化，完成金属盔甲部分模型UVW展开及编辑，特别要结合肩部模型的结构把接缝位置合理安排在侧面位置，如图4-60所示。结合UVW编辑技巧对肩部盔甲的尖刺结构进行细节编辑。注意肩部盔甲UV布线结构的合理性，如图4-61所示。

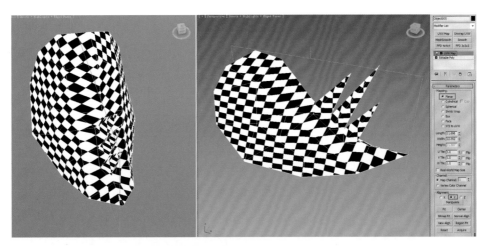

图4-60　肩部盔甲UVW坐标指定

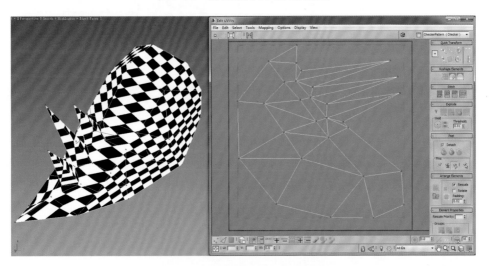

图4-61　肩部盔甲UVW排列效果

（7）结合前面的制作思路继续完善肩甲羽毛UVW展开及编辑，注意在编辑羽毛UVW时要根据羽毛的模型结构进行坐标指定并结合合理调整，结合移动、旋转等编辑工具调整羽毛UVW结构线的排列，如图4-62所示。

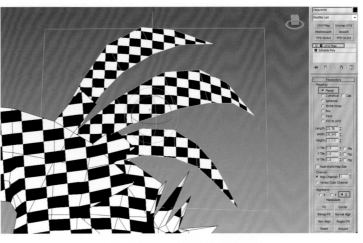

图4-62　羽毛UVW展开及排列

171

4.3.2 身体装备UVW展开及编辑

（1）接下来给角色胸部装备模型的UVW坐标按照前面的思路进行细节的编辑，注意此部分我们结合胸部模型制作思路。需要对胸部准备模型指定Planar（平面）坐标模式并运用旋转工具进行轴向的调整，如图4-63所示。结合人体模型UVW的编辑流程及技巧，激活UV线状态，选择胸部装备正面及背面衔接处的UVW进行分离，如图4-64所示。

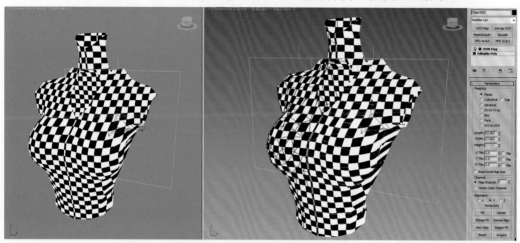

图4-63　胸部UVW坐标展开设置

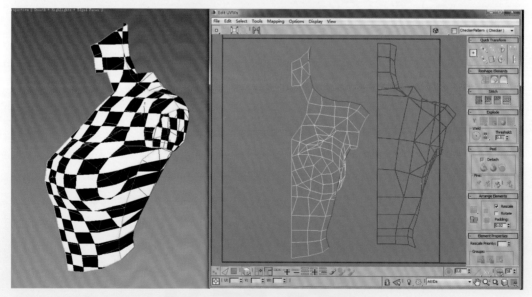

图4-64　胸部正面及背面UVW分离设置

（2）按照前面人体身体UVW编辑坐标的技巧及流程，对上半身装备正面及背面UVW根据模型的结构进行UVW的整体编辑，注意处理好装备侧面UVW点的衔接，然后对装备UVW的大小和位置进行合理的编辑及排列，如图4-65所示。

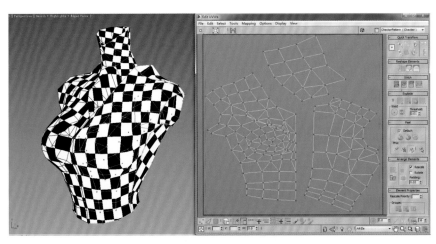

图4-65 身体装备整体UVW排列效果

（3）根据暗黑猎手服饰的造型特点，对右手手臂部分的模型进行UVW坐标展开编辑，给衣袖模型指定Cylindrical（圆柱）坐标，再执行 ◎（选择并旋转）命令，选择坐标轴到一

定的角度，尽量保持与手臂模型
方向保持一致，如图4-66所示。
执行修改器中的"UVW展开"
命令，然后进入"UVW展开"
的"顶点"层级，使用 ◎ 自由形
式模式对右手手臂UV点进行局
部调整，逐步分解各个部分的
UV展开编排，使UV最大限度的
不拉伸，如图4-67所示。

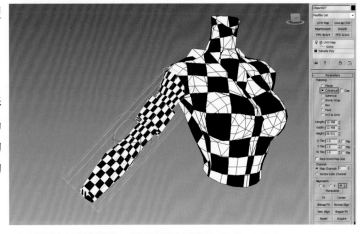

图4-66 右手手臂模型的UVW坐标展开

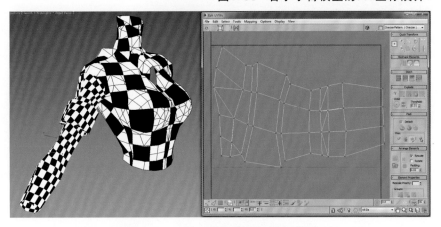

图4-67 右手手臂UVW整体编辑效果

（4）继续完成衣袖UVW的展开及编辑，给衣袖指定Cylindrical（圆柱）坐标，运用UNW编辑技巧对上半身装备及衣袖的UV进行合理编辑及排列，如图4-68所示。

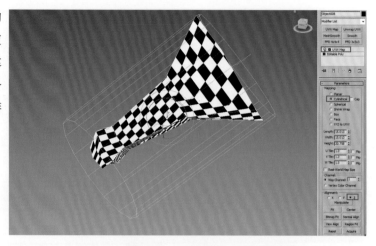

图4-68　衣袖整体UVW排列效果

（5）结合前面制作手部UVW展开及编辑的规范对手套装备的UVW进行坐标展开及编辑，注意对手套背面及直面的衔接部分接缝位置的UV进行衔接的调整，如图4-69所示。

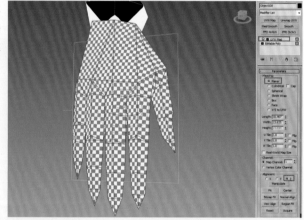

图4-69　手套UVW坐标展开设置

（6）继续对左手手臂部分的模型进行UVW坐标展开编辑，给衣袖模型指定Cylindrical（圆柱）坐标，再执行 （选择并旋转）命令。选择坐标轴到一定的角度，尽量保持与手臂模型方向保持一致，如图4-70所示。执行修改器中的"UVW展开"命令，然后进入"UVW展开"的"顶点"层级，使用 自由形式模式对左手臂UV点进行局部调整；逐步分解各个部分的UV展开编排，使UV最大限度的不拉伸，如图4-71所示。

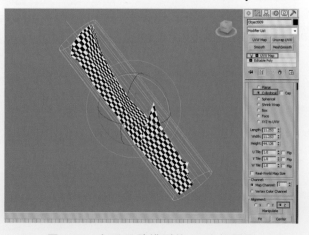

图4-70　左手手臂模型的UVW坐标展开

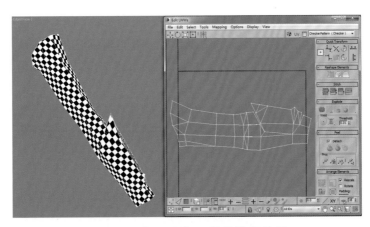

图4-71　左手手臂UVW整体编辑效果

（7）结合前面制作左手手部UVW展开及编辑的规范对手套装备的UVW进行坐标展开及编辑，注意对手套背面及直面的接缝位置的UV的调整，如图4-72所示。进入"UVW展开"的"顶点"层级，使用囮自由形式模式对左手手臂UV点进行局部调整，逐步分解各个部分的UV展开编排，使UV最大限度的不拉伸，如图4-73所示。

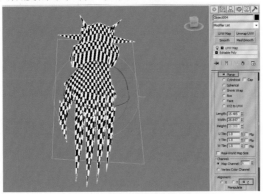

图4-72　左手手套整体UVW排列效果

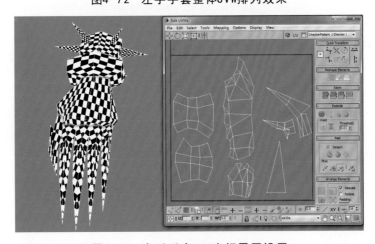

图4-73　左手手套UVW坐标展开设置

（8）对导入的腿部模型进行UVW坐标的指定及编辑，结合身体排列技巧对腿部外侧及内侧接缝进行合理的衔接并排列的象限空间，如图4-74所示。进入"UVW展开"的"顶点"层级，使用⊡自由形式模式对腿部UV点进行局部调整，逐步分解各个部分的UV展开编排，使UV最大限度的不拉伸，图4-75所示。

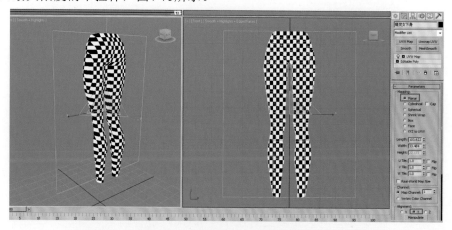

图4-74　腿部整体UVW排列效果

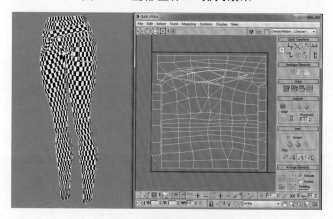

图4-75　腿部UVW排列效果

（9）接下来给裙摆模型的UVW坐标按照前面的思路将坐标展开，注意此部分我们需要结合腿部装备的模型结构指定Planar（平面）坐标，并进行坐标轴向的旋转及适配，如图4-76所示。结合腿部裙摆UVW的编辑流程及技巧，对裙摆正面及背面的UVW进行分离，同时结合手动调整对裙摆侧面的UV进行合理的排列，如图4-77所示。

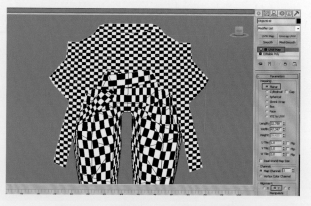

图4-76　裙摆UVW坐标指定及调整

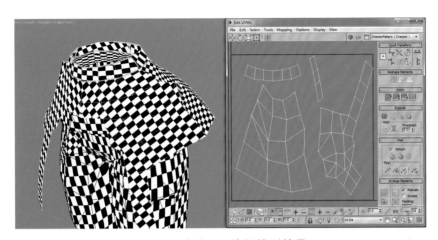

图4-77　裙摆UVW编辑排列效果

（10）继续对裙摆网格模型根据UVW展开流程规范进行合理的编辑及排列。运用UVW编辑技巧对裙摆网格的UV进行合理的编辑及排列，此部分我们对各个部分的UV结构线进行直线排列，如图4-78所示。

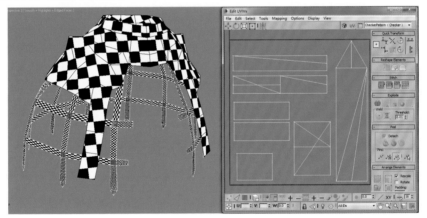

图4-78　裙摆网格UVW整体编辑及排列效果

（11）接下来给披风模型进行UVW坐标指定，按照前面的思路给披风模型指定Planar（平面）坐标，设置轴向为"Y"，并进行自动UV适配，如图4-79所示。

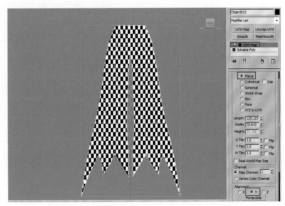

图4-79　披风UVW坐标指定及展开

（12）接下来给小腿装备模型指定UVW坐标，结合小腿装备的模型结构指定Cylindrical（圆柱）坐标，并对装备模型进行坐标轴向的旋转及适配，如图4-80所示。结合前面各个部分UVW的编辑流程及技巧，对小腿装备正面及背面的UVW进行分离，同时结合手动调整对小腿装备侧面接缝的UV进行合理的排列，如图4-81所示。

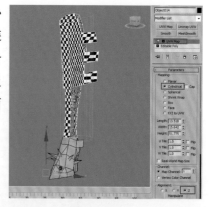

图4-80　小腿装备UVW坐标指定设置

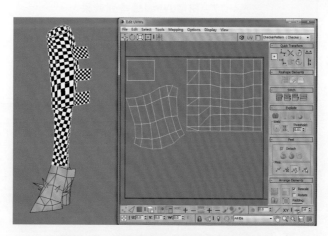

图4-81　小腿装备UVW展开及编辑效果

（13）给靴子模型指定UVW坐标，我们结合靴子的模型结构指定Planar（平面）坐标，并对靴子模型进行坐标轴向的旋转及适配，如图4-82所示。根据脚部靴子的模型结构对正面及背面的UVW进行分离，同时结合手动调整对靴子侧面接缝的UV整体进行合理的排列，如图4-83所示。

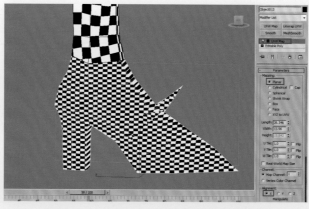

图4-82　脚部靴子UVW坐标指定及设置

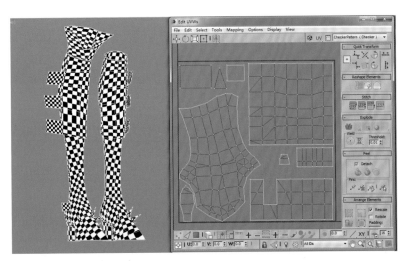

图4-83 靴子整体UVW编辑及排列效果

（14）结合暗黑猎手整体模型造型及UVW编辑效果，对暗黑猎手各个部分的UVW进行细节的调整，注意对各个部分接缝位置的UVW进行整体的排列，如图4-84所示。

图4-84 暗黑猎手UVW整体调整效果

4.4 暗黑猎手材质绘制

在完成暗黑猎手模型、UVW的整体制作及编辑之后，接下来开始进入暗黑猎手材质的制作流程，制作暗黑猎手材质流程整体上主要分解为三部分：①角色模型整体灯光设置；②烘焙纹理贴图；③皮肤材质质感纹理绘制。

4.4.1 暗黑猎手模型灯光设置

（1）首先进行环境光的设置。其方法是，执行菜单中的Environment and Effects命令（或按键盘上的8键），然后在弹出的Tint对话框中单击Ambient下的颜色按钮，在弹出的Color Selecter（色彩选择）对话框中将Tint中的Value调整到100，将Ambient中的Value亮度调整为180，如图4-85所示。

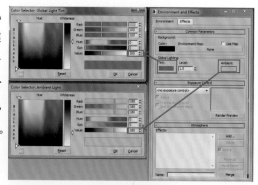

图4-85 环境参数的设置

（2）创建聚光灯。单击 （创建）面板下 （灯光）中的Target Spot "聚光灯" 按钮，然后在顶视图前方创建一个聚光灯作为主光源，调整双视图显示模式，切换到"透视图"调整聚光灯位置。根据暗黑猎手材质属性的特点，结合模型结构对灯光的参数进行设置，如图4-86所示。

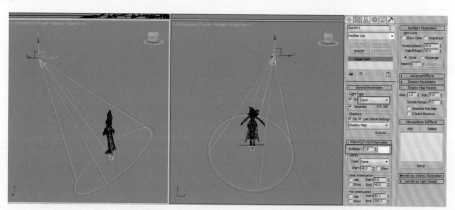

图4-86 环境灯光创建及位置调整

（3）暗黑猎手模型环境辅光源（环境光、反光）的创建。单击 （创建）面板下 （灯光）中的Skylight "天光灯" 按钮，同时对辅光的参数进行适当的调整，如图4-87所示。

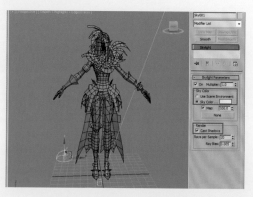

图4-87 调整日光灯基础参数

（4）暗黑猎手模型背面环境辅光源（环境光、反光）的创建。单击 （创建）面板下 （灯光）中的Omni"泛光灯"按钮，同时对辅光的参数及位置进行适当的调整，如图4-88所示。

图4-88　背面辅光设置定位

（5）根据暗黑猎手的结构造型变化及灯光参数设置，细节调整主光及各个辅光泛光灯参数。按键盘F10进行及时渲染，反复调整灯光的参数，并对渲染的尺寸进行设置，得到明暗色调比较丰富的人体明暗效果。注意复制几个不同角度的暗黑猎手模型进行整体渲染。渲染暗黑猎手效果如图4-89所示。

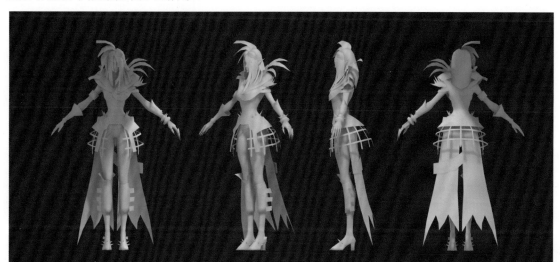

图4-89　暗黑猎手灯光渲染效果

4.4.2 暗黑猎手材质纹理绘制

1.暗黑猎手纹理烘焙渲染

（1）激活暗黑猎手头部模型。因暗黑猎手的头部模型是前面导入的模型，此部分我们直接进入烘焙纹理制作流程。按键盘0键快捷键，打开"渲染到纹理"菜单栏，对菜单栏的基础参数根据头部材质UVW排列进行设置，注意渲染的模式及渲染通道一定要正确。设置如图4-90所示。单击下面的Render按钮，在弹出的窗口选择继续，渲染输出得到设置好灯光的头部明暗纹理贴图，如图4-91所示。

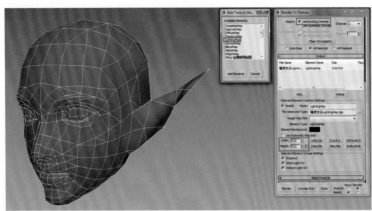

图4-90　头部烘焙渲染设置

图4-91　头部烘焙渲染输出效果

（2）选择角色头发整体模型，进入烘焙纹理制作流程。按键盘0键快捷键，打开"渲染到纹理"菜单栏，对菜单栏的基础参数根据头发UVW排列进行设置，如图4-92所示。单击下面的Render按钮，在弹出的窗口选择继续，渲染输出得到设置好灯光的头发明暗纹理贴图，如图4-93所示。

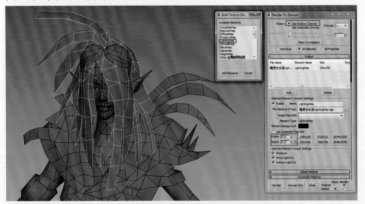

图4-92　头发烘焙渲染输出设置

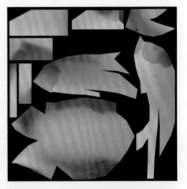

图4-93　头发渲染烘焙效果

（3）选择角色头发饰物的模型，进入烘焙纹理制作流程。按键盘0键快捷键，打开"渲染到纹理"菜单栏，对菜单栏的基础参数进行设置。单击下面的Render按钮，在弹出的窗口选择继续，渲染输出得到设置好灯光的头发饰物明暗纹理贴图，如图4-94所示。

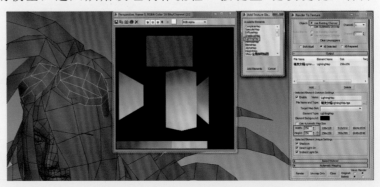

图4-94　头发发饰纹理烘焙设置

（4）激活暗黑猎人身体装备的模型，进入Unrap UVW编辑窗口，对身体装备的模型整体进行合理的编辑，注意在编辑窗口对各个组成部分进行排列，并且对编辑好UVW指定路径及规范命名进行输出，如图4-95所示。

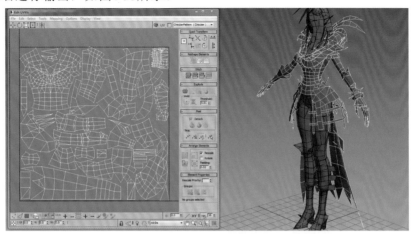

图4-95　身体装备UVW整体排列效果

（5）激活角色身体装备的整体模型，进入烘焙纹理制作流程。按键盘0键快捷键，打开"渲染到纹理"菜单栏，对菜单栏的基础参数根据胸部装备UVW排列进行设置，如图4-96所示。单击下面的Render按钮，在弹出的窗口选择继续，渲染输出得到设置好灯光的头发明暗纹理贴图，如图4-97所示。

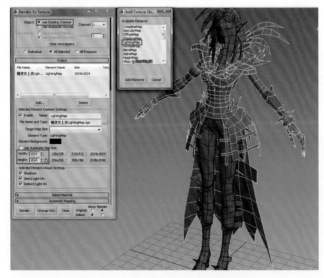

图4-96　身体装备烘焙渲染设置

图4-97　身体装备烘焙渲染效果

（6）选择角色腿部的模型。按键盘0键快捷键，打开"渲染到纹理"菜单栏，对菜单栏的基础参数根据腿部模型UVW排列进行设置，如图4-98所示。单击下面的Render按钮，在弹出的窗口选择继续，渲染输出得到设置好灯光的头发明暗纹理贴图，如图4-99所示。

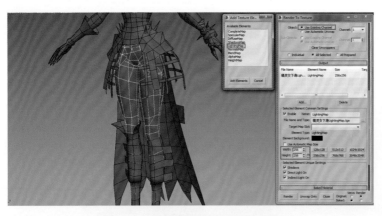
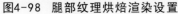
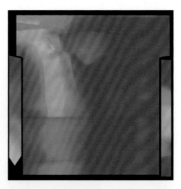

图4-98　腿部纹理烘焙渲染设置　　　　图4-99　腿部纹理烘焙渲染效果

（7）选择靴子的模型。按键盘0键快捷键，打开"渲染到纹理"菜单栏，对菜单栏的基础参数进行设置，如图4-100所示。单击下面的Render按钮，在弹出的窗口选择继续，渲染输出得到设置好灯光的头发明暗纹理贴图，如图4-101所示。

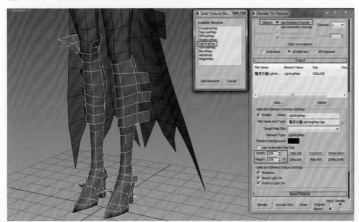
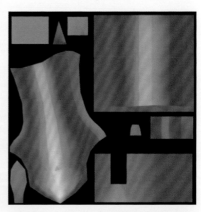

图4-100　靴子纹理烘焙设置　　　　　　图4-101　靴子纹理烘焙渲染效果

2.暗黑猎手头部纹理贴图绘制

（1）激活Photoshop图标按钮，进入Photoshop的绘制窗口。打开头部UV结构线，对结构线提取出来，同时打开烘焙的明暗纹理进行排列，如图4-102所示。将烘焙的明暗纹理拖至线稿图层的下面，调整线稿的不透明度，从前景色上选择一个红色作为头部的基础皮肤色彩，如图4-103所示。

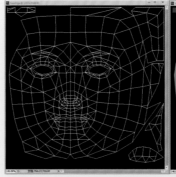

图4-102　头部UVW结构线提取及烘焙

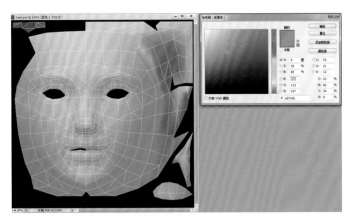

图4-103　头部色彩绘制分层及皮肤基础色彩设置

（2）在明暗纹理图层上面新建图层，按住键盘上Ctrl+Delete键进行前景色的填充，得到底层和结构线分层PSD文件。同时打开前面烘焙的头部明暗纹理并保存PSD为"头部"文件。填充选定的皮肤色彩给"颜色"图层，与前面烘焙出来的头部明暗纹理进行图层的混合。设置皮肤纹理与明暗纹理的图层混合模式为"颜色"模式。得到整体的脸部纹理效果，如图4-104所示。

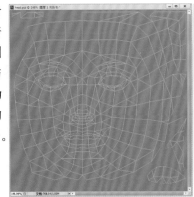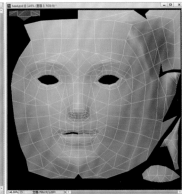

图4-104　脸部皮肤混合色彩效果

（3）激活画笔工具，单击 🖌 工具按钮，在弹出的窗口中对画笔的各个选项根据绘制纹理的需要进行设置。在绘制头部皮肤时要及时调整笔刷的大小及不透明度，反复刻画脸部皮肤过渡的色彩变化，如图4-105所示。同时结合3ds Max的头部模型显示效果对头部皮肤纹理进行细节的调整，注意刻画脸部亮部及暗部的皮肤色彩明暗关系，如图4-106所示。

图4-105　脸部皮肤纹理大体绘制效果

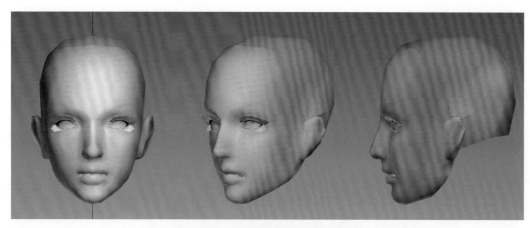

图4-106 头部模型色彩显示效果

（4）运用PS的色彩绘制技巧，对叠加的皮肤纹理及明暗纹理进行色彩明度、纯度、色彩饱和度细节的调整。特别是脸部正面与侧面的色彩变化，如图4-107所示。接下来开始对脸部五官细节进行局部的刻画。首先对嘴唇的皮肤纹理运用PS的绘制技巧逐步进行分层刻画。注意嘴唇皮肤亮部及暗部色彩的明度、纯度及饱和度的变化，如图4-108所示。

图4-107 脸部皮肤大体色彩细节刻画

图4-108 嘴唇皮肤纹理细节刻画

（5）接下来我们对女性眼睛纹理结构皮肤纹理细节进行精细的刻画，我们在细节刻画眼睛纹理的时候可以从其他部位的亮部及暗部吸取色彩，对左侧眼睛色彩明度、纯度、色彩饱和度等关系进行细节的调整及刻画，把握好眼睛色彩冷暖变化及明暗效果的表现，如图4-109所示。

图4-109　眼睛整体纹理刻画效果

（6）根据人体头部模型的结构及光影关系结合PS的绘制技巧，对皮肤纹理脸部、暗部色彩的明度、纯度及色彩饱和度进行精细整体刻画。特别是根据五官的结构进行皮肤细节的调整，如图4-110所示。

图4-110　头部整体纹理细节刻画

（7）在绘制完成头部整体的皮肤纹理之后，根据光源变化对头部亮部及暗部的色彩明度、纯度及色彩饱和度进行细节的刻画。把绘制好的纹理指定给头部模型，并及时更新头部模型皮肤纹理显示效果，根据光源变化对眼睛、嘴部等五官部分的纹理细节进行精细的刻画，如图4-111所示。

图4-111　头部整体纹理刻画效果

第**4**章　暗黑猎手角色制作

4.4.3　头发及头饰模型材质纹理绘制

（1）进入Photoshop的绘制窗口，打开头发UVW结构线输出文件，根据结构线分层流程提取头发的结构线，同时打开烘焙的头发明暗纹理进行排列，如图4-112所示。拖烘焙的明暗纹理到线稿图层的下面，调整线稿的不透明度，从前景色上选择一个红色作为头部的基础皮肤色彩，如图4-113所示。

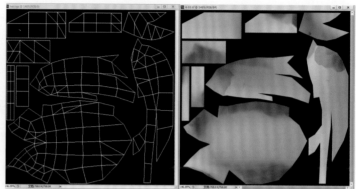

图4-112　头发明暗纹理刻画

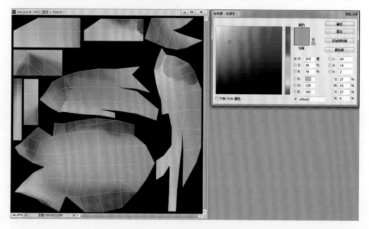

图4-113　头发基础色彩定位

（2）进入绘制图层，在明暗纹理图层上面新建图层，按住键盘上Ctrl+Delete键进行前景色的填充，得到底层和结构线分层PSD文件。前面烘焙的头发明暗纹理进行图层的混合，设置混合模式为"颜色"。并保存PSD为"头发"文件。得到整体的头发纹理效果，如图4-114所示。

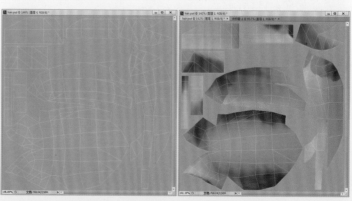

图4-114　头发基础混合色彩效果

（3）激活 ✐ 画笔工具，单击 ☑ 工具按钮，在弹出的窗口中对画笔的各个选项根据绘制纹理的需要进行设置。在绘制头部头发纹理时及时调整笔刷的大小及不透明度，逐层刻画头发过渡的色彩变化，如图4-115所示。同时结合3ds Max的头部模型显示效果对头发纹理进行细节的调整，注意刻画头发亮部及暗部色彩的明度、纯度关系，如图4-116所示。

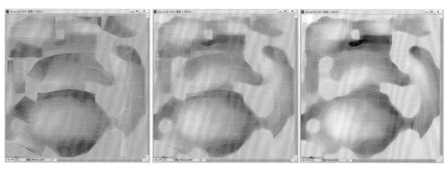

图4-115　头发纹理大体绘制效果

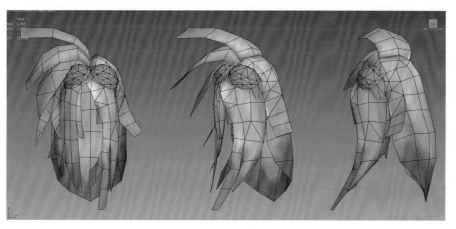

图4-116　头发模型色彩显示效果

（4）运用PS的色彩绘制技巧，对叠加的头发纹理及明暗纹理进行色彩明度、纯度、色彩饱和度细节的调整，特别是头发正面与侧面的色彩变化。运用不同的笔刷结合PS的绘制技巧逐步进行分层刻画，如图4-117所示。

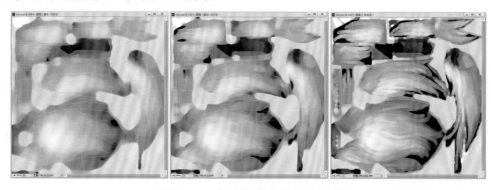

图4-117　头发纹理逐层色彩刻画

（5）接下来我们对头发纹理细节进行精细的刻画，在刻画头发发饰纹理时可以从其他部位的亮部及暗部吸取色彩，对头发色彩明度、纯度、色彩饱和度等关系进行细节的调整及刻画，把握好头发色彩冷暖变化及明暗效果的表现，如图4-118所示。

图4-118　头发理整体纹理刻画效果

（6）根据头发模型材质效果对装饰物的材质结合光影关系进行细节的刻画，注意装饰物亮部、暗部色彩的明度、纯度及色彩饱和度的精细整体刻画。特别是根据装饰物的纹理材质特点进行细节的调整，如图4-119所示。

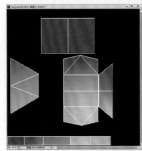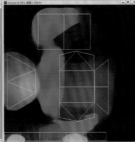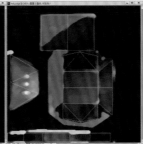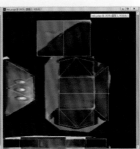

图4-119　头发装饰物纹理材质绘制

（7）再次结合头发材质质感表现的特殊技巧，对头发各个部分的发丝进行透明贴图的制作，切换到头发纹理的Alpha通道，运用黑白纹理逐步逐层绘制各个部分发丝的通道。注意在绘制发丝的时候要灵活变化，如图4-120所示。

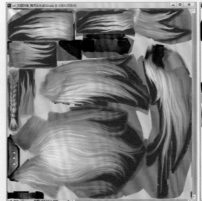

图4-120　头发透明通道纹理制作

（8）在绘制完头发整体的纹理之后，根据光源变化对头发亮部及暗部的色彩明度、纯度及色彩饱和度进行细节的刻画。把绘制好的纹理指定给头发模型，并及时更新头发纹理显示效果，根据光源变化对头发的纹理细节进行精细的刻画，如图4-121所示。

图4-121　头发整体模型纹理效果

4.4.4　身体装备纹理绘制

（1）在Photoshop中打开身体装备烘焙的纹理及装备UVW结构线。对装备UVW结构线按照前面制作的流程进行结构线的提取。再次按住Ctrl+M键对烘焙纹理进行明暗关系的调整，同时指定明暗纹理给身体的模型，按住Shift键拖动渲染输出的身体烘焙明暗纹理放置到UV结构线图层的下面，作为基础纹理底层，如图4-122所示。

图4-122　身体结构线及烘焙纹理调整排列效果

（2）激活身体装备图层选区，填充选定的装备色彩给"颜色"图层，与前面烘焙出来的身体明暗纹理进行图层的混合。设置装备基础纹理与明暗纹理的图层混合模式为"颜色"模式，如图4-123所示。

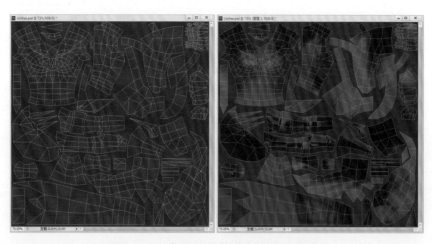

图4-123　身体装备基础色彩填充效果

（3）激活画笔工具，调整笔刷的大小及不透明度变化，运用不同的笔触对身体装备服饰纹理进行层次的绘制，反复刻画身体装备服饰过渡的色彩变化。同时结合3ds Max的头部模型显示效果进行细节的刻画，注意处理好身体装备服饰亮部及暗部的色彩关系，如图4-124所示。

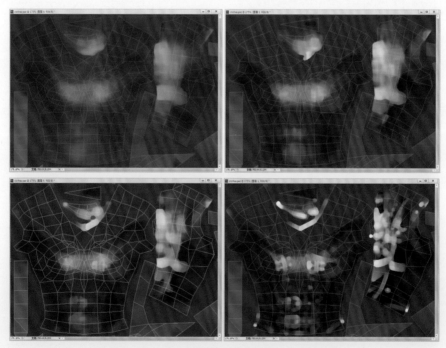

图4-124　身体装备服饰纹理大体绘制效果

（4）结合身体装备材质纹理的定位，继续对装备综合材质纹理质感的亮部及暗部色彩进行绘制，注意结合光源逐步完善胸部服饰色彩明度、纯度、色彩饱和度细节的调整。结合环境的变化对胸部正面及背面服饰亮部及暗部色彩关系进行细节的刻画，如图4-125所示。

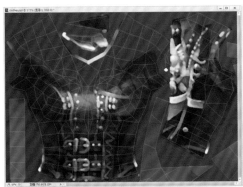

图4-125　胸部服饰纹理材质绘制效果

（5）根据暗黑猎手模型的结构及光源的变化，继续对上半身披肩部分的材质纹理结合上半身服饰设计的特点进行材质的细节刻画，如图4-126所示。结合暗黑猎手整体服饰亮部及暗部的色彩关系，结合笔触变化对披肩色彩的明度、纯度及冷暖关系进行精细刻画。在刻画的时候注意结合光源进行亮部及暗部的虚实关系及色彩层次的变化，如图4-127所示。

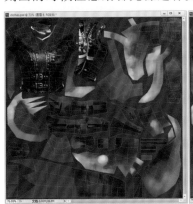

图4-126　披肩纹理细节刻画效果

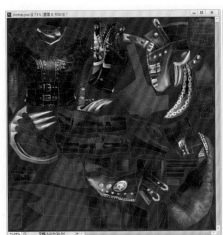

图4-127　披肩整体服饰纹理材质细节刻画

193

（6）在绘制完成上半身服饰整体的纹理之后，整体对上半身服饰亮部及暗部的色彩明度、纯度及色彩饱和度进行细节的刻画。把绘制好的纹理指定给身体及披肩模型，根据光源变化对上半身服饰的纹理细节进行精细的刻画，如图4-128所示。

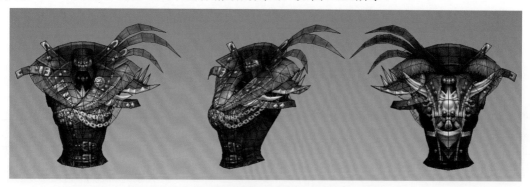

图4-128　上半身服饰模型整体色彩细节刻画效果

（7）结合上半身服饰的材质纹理绘制流程，继续对手臂部分的纹理材质进行逐步逐层绘制，结合身体服饰材质质感对护腕及手套布料及皮革的纹理材质进行精细的刻画。注意亮部及暗部色彩明度、纯度色彩变化，如图4-129所示。

图4-129　手臂材质纹理质感细节刻画

（8）结合身体装备模型灯光烘焙的制作思路，对手臂布料、皮革及金属等综合材质属性的质感进行进一步的细节刻画。按住Ctrl+M键对手臂纹理进行明暗关系的调整，对亮部及暗部的整体明暗关系进行统一调整，如图4-130所示。

图4-130　手臂纹理细节刻画效果

（9）选择裙摆图层选区，结合身体装备纹理材质绘制的流程，对裙摆布料及皮革纹理亮部及暗部的整体色彩冷暖关系进行精细刻画。在刻画的时候注意运用不同的笔刷进行亮部及暗部的虚实关系及层次的变化。处理好裙摆内侧接缝位置的色彩变化，如图4-131所示。

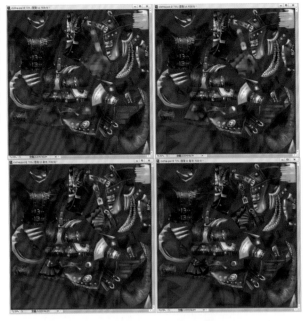

图4-131 裙摆服饰纹理细节刻画效果

（10）把绘制好的手臂及裙摆的材质纹理指定给暗黑猎手的手臂及裙摆模型，根据光源变化对衣袖亮部及暗部色彩的明度、纯度及色彩冷暖关系进行细节的刻画，与衣袖、身体装备的色彩关系整体上进行统一调整，如图4-132所示。

图4-132 暗黑猎手身体服饰整体材质效果

（11）在绘制的整体角色纹理中选择披风部分的材质选区，结合光影关系逐步逐层对披风的材质纹理质感进行整体绘制，注意亮部及暗部的色彩层次变化，如图4-133所示。把绘制好的披风材质纹理指定给暗黑猎手的披风模型，根据光源变化对披风纹理亮部及暗部色彩的明度、纯度及色彩冷暖关系进行细节的刻画，如图4-134所示。

图4-133 披风纹理细节刻画

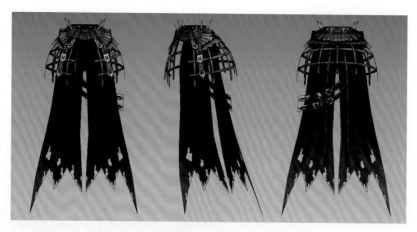

图4-134　裙摆及披风纹理材质整体效果

4.4.5　腿部装备材质绘制

（1）在Photoshop中打开腿部装备烘焙的纹理及UVW结构线。对UVW结构线按照前面制作的流程进行结构线的提取。再次按住Ctrl+M键对烘焙纹理进行明暗关系的调整，如图4-135所示。激活腿部装备图层选区，填充选定的装备色彩给"颜色"图层，与前面烘焙出来的腿部明暗纹理进行图层的混合。设置装备基础纹理与明暗纹理的图层混合模式为"颜色"模式，如图4-136所示。

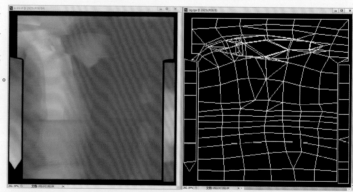

图4-135　腿部烘焙纹理及结构线

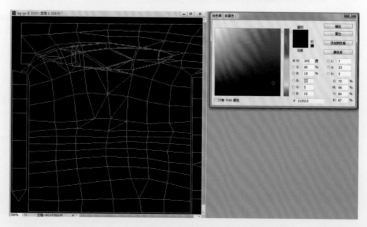

图4-136　腿部装备纹理基础色彩设置

（2）在腿部烘焙纹理层的上面新建图层，命名为"颜色"。单击工具条█前景色进行腿部基础色彩的设置。结合上身身体装备色彩的整体变化，使用✐（吸笔）工具从身体装备吸取色彩作为腿部的基础色彩。填充选定的色彩给"颜色"图层，与前面烘焙出来的腿部明暗纹理进行图层的混合，如图4-137所示。

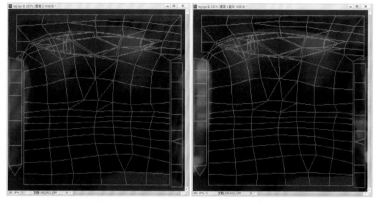

图4-137　腿部装备色彩大体绘制效果

（3）根据腿部模型结构及光源的变化，对腿部布料、皮革、金属等纹理亮部及暗部的整体色彩冷暖关系进行精细刻画。在刻画的时候注意运用不同的笔刷进行亮部及暗部的虚实关系及层次的变化。特别处理好腿部外侧及内侧接缝位置的色彩变化，同时结合前面制作Alpha通道的方法对铁链部分制作透明贴图的通道，如图4-138所示。

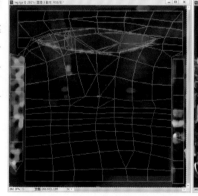

图4-138　腿部材质质感细节刻画效果

（4）把绘制好的腿部纹理指定给腿部的模型，根据光源变化对腿部亮部及暗部色彩的明度、纯度及色彩冷暖关系进行细节的刻画，与身体的色彩明度、纯度及色彩饱和度进行统一调整，如图4-139所示。

图4-139　腿部材质纹理刻画效果

（5）对靴子UVW结构线按照前面制作的流程进行结构线的提取。在靴子烘焙纹理层的上面新建图层，命名为"颜色"。单击工具条 ■ 前景色进行腿部基础色彩的设置。使用 ✎（吸笔）工具从腿部装备吸取色彩作为靴子的基础色彩。填充"颜色"图层，与前面烘焙出来的靴子明暗纹理进行图层的混合，如图4-140所示。

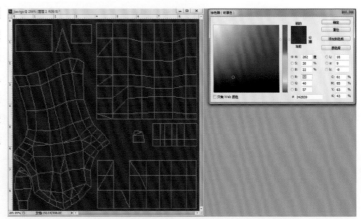

图4-140　靴子装备纹理基础色彩设置

（6）使用 ✎（吸笔）工具从腿部装备吸取色彩作为靴子的基础色彩。调整笔刷大小及不透明度变化，对靴子亮部、暗部的基础色彩进行逐步逐层的绘制，此部分以大色块绘制出靴子的基础色彩，结合烘焙出来的靴子明暗纹理进行色彩关系的调整，如图4-141所示。

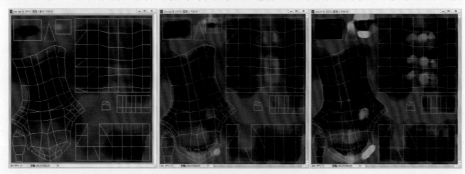

图4-141　腿部装备色彩大体绘制效果

（7）结合角色整体模型的结构及光源的变化，对靴子皮革、金属等纹理亮部及暗部的整体色彩冷暖关系进行精细刻画。在刻画的时候注意运用不同的笔刷进行亮部、暗部的虚实关系及层次的变化。特别处理好靴子外侧及内侧接缝位置的色彩变化，如图4-142所示。

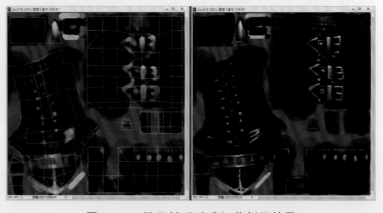

图4-142　靴子材质质感细节刻画效果

（8）把绘制好的靴子材质纹理指定给靴子的模型，根据光源变化对靴子亮部及暗部色彩的明度、纯度及色彩冷暖关系进行细节的刻画，与腿部的色彩明度、纯度及色彩饱和度进行统一调整，如图4-143所示。

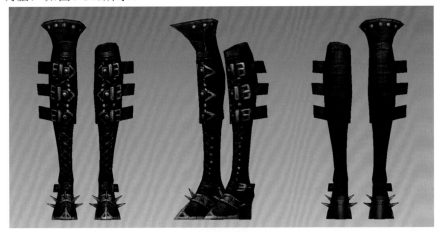

图4-143　腿部材质纹理刻画效果

4.5　暗黑猎手模型材质整体调整

在完成暗黑猎手整体纹理贴图绘制后，把材质逐步指定给暗黑猎手换装模型的各个部分，结合灯光渲染检查各个连接部分出现的接缝位置的色彩关系。结合模型的UVW结构线与纹理进行统一调整。从不同的角度进行渲染，结合PS绘制纹理贴图的技巧及光影变化加强各个部分材质质感的表现。根据暗黑猎手设计特点进行渲染输出，如图4-144所示。结合引擎的输出应用，把制作好暗黑猎手模型材质的文件放置进三维场景进行整体合成，得到比较完整的三维角色与场景结合的画面效果，如图4-145所示。

图4-144　暗黑猎手模型材质最终完成效果

图4-145 三维角色与场景整体画面效果

4.6 本章小结

在本章中，我们介绍了写实暗黑猎手的制作流程和规范。重点介绍写实暗黑猎手角色的模型结构、UV编辑排列以及服饰纹理色彩绘制的特点，进一步讲解制作三维模型及绘制纹理贴图的技巧。通过对本章内容的学习，读者应当对下列问题有明确的认识。

（1）掌握三维角色跟换装模型的制作原理和应用。

（2）了解暗黑猎手换装模型制作的整体思路。

（3）掌握角色模型灯光设置及渲染的技巧。

（4）掌握角色烘焙纹理材质的绘制流程和规范。

（5）重点掌握三维角色模型制作与纹理绘制的流程。

4.7 本章练习

结合暗黑猎手模型制作及材质纹理制作的技巧，从光盘提供的角色原画中选择一张物理职业的角色原画，按照本章节制作流程规范完成模型制作、UV编辑、灯光渲染烘焙及材质纹理的整体制作。

第5章 冰晶巨人角色制作

章节描述

本章重点讲解怪物中的Boss——冰晶巨人模型材质的制作流程及规范。冰晶巨人属于物理属性中的高级生物，整个材质纹理以蓝色水晶体作为主要元素。我们将通过冰晶巨人模型的制作流程及材质绘制技巧的精细讲解，来进一步掌握水晶体等综合材质的质感表现技巧。

● **实践目标**

– 了解冰晶巨人模型制作的规范及技巧

– 掌握冰晶巨人的UVW编辑思路及贴图绘制技巧

– 掌握冰晶巨人模型中水晶体材质质感的绘制技巧

● **实践重点**

– 掌握冰晶巨人模型制作流程及制作技巧

– 掌握冰晶巨人各个部分材质质感的表现技巧及绘制流程

● **实践难点**

– 掌握冰晶巨人模型的制作及UVW编辑流程中的制作技巧

– 掌握冰晶巨人装备各个部分材质质感的绘制流程及规范

5.1 冰晶巨人概述

5.1.1 冰晶巨人文案设定

在远古时期，冰晶巨人都会聚集到北方寒冷的冰川大陆。天长日久，冰川大陆便成了冰晶巨人霸占的领地，无数巨人散布在冰川大陆上。当冰晶巨人的领主控制了冰川大陆后，他使用强大的魔法控制整个大陆的能量资源，使得这些浑身散发着冰冷力量的巨人们一心一意地为黑暗主人服务。巨人们拥有寒冷无比的冰晶合成的武器，同时拥有冰晶特有属性的技能。它们的技能可以冻僵空中和地面的敌人。

5.1.2 冰晶巨人造型特点

冰晶巨人身体的构成及服饰结构主要以蓝紫色水晶体作为主体，晶莹剔透的水晶体加上丰富多彩的服饰组合（皮甲、布料等）用来突出冰晶巨人的神秘职业特征。冰晶巨人擅长魔法控制，也善于近身攻击。他们身上没有厚重的铠甲，而是以水晶体及布料组合的服饰为主。他们是信奉着大自然的神灵，其身体装备及武器上都画有或者刻有他们信奉的神灵的图腾。身体服饰及武器也以蓝色、紫色水晶体作为构成的主要元素，这样便可使得冰晶巨人更好地适应于野外生存及战斗，同时冰晶巨人是队伍中最强大的主攻手。在使用武器技能方面，冰晶巨人主要以高爆击物理远程伤害为主，有很强的战斗控场能力及群体伤害技能。冰晶巨人整体色彩绘制效果如图5-1所示。

图5-1 冰晶巨人整体材质效果

5.1.3 冰晶巨人模型分析

在了解和分析了冰晶巨人形象特征及服饰特点后，根据文案的内容提示，开始进入冰晶巨人的模型及材质纹理绘制过程分解。

在制作冰晶巨人模型的时候，将使用标准几何体采用多边形的建模方式，结合冰晶巨人身体分块来逐步完成其各个部分模型及纹理制作，冰晶巨人制作主要分为三个阶段：①冰晶巨人模型的制作；②冰晶巨人UVW展开及编辑；③冰晶巨人灯光烘焙及纹理绘制。

5.2 冰晶巨人的模型制作

本章的冰晶巨人模型是运用多边形（Polygon）的方法来完成的。这里读者除了可以进一步巩固前面章节中使用的多边形（Polygon）建模的相关知识外，还可以更深入地学习游戏中怪物模型的制作要点和技巧。

注意：多边形（Polygon）来制作人物模型主要有从整体到局部和从局部到整体两种基本方式。

A. 从整体到局部。从整体出发，创建标准的几何体，然后通过添加线和多边形的方法来制作人物模型，这样可以在制作过程中对基本形体进行准确把握，并且可以同时对细节部位进行不断的调整和观察（这是本章的重点）。

B. 从局部到整体。也就是说可以从头部、身体、四肢、装备等一个局部开始塑造基本形体，然后通过连接、合并等方法来制作一个完整的形体。该方法对制作者本身的制作能力有很高的要求。

在制作冰晶巨人模型之前，首先读者要充分分析冰晶巨人的原画设定及制作规范的需求，根据冰晶巨人原画或者参考图对要制作的人体结构进行分析。通过冰晶巨人原画的分析，结合角色模型的制作规范，以便于冰晶巨人模型的后期制作。

冰晶巨人主要分为三个大的环节来完成整体模型的制作：①冰晶巨人头部的制作；②冰晶巨人身体模型的制作；③冰晶巨人装备模型的制作。

头部模型结构制作

（1）首先打开3ds Max2017进入操作面板。根据三维角色制作规范流程对3ds Max中的单位尺寸进行基础的设置，以便在后续制作完成输出的时候，导出的人物、建筑或物件资源比例大小与程序应用尺寸互相匹配。单位尺寸基础设置如图5-2所示。

图5-2 单位尺寸基础设置

（2）单击 ❀ 创建面板，激活Box（长方体）按钮，在Perspective(透视图)坐标中心单击，开始创建长方体用来作为头部的基础模型。长方体的基础参数要根据头部的长宽高比例进行参数设置。在命令栏激活 ❖ 移动键，右键单击XYZ轴，设置坐标为零，如图5-3所示。在制作时为了便于模型制作的观察，需要对环境显示模式进行适度调整。单击键盘上8键，对环境中的Tint及Ambient的参数进行设置，如图5-4所示。

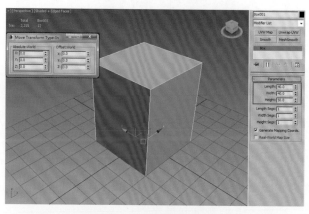

图5-3　创建基础模型

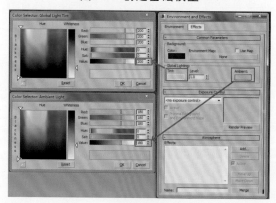

图5-4　背景参数基础设置

（3）给创建的长方体命名为"头部"，进入 ◪（修改）面板，在下拉菜单中选择MeshSmooth（光滑）命令，设置光滑的显示的级别为1，如图5-5所示。转换头部基础模型为可编辑的多边形模型，得到网格布线比较合理的多边形头部基础模型。同时调整中心轴的位置坐标到中心。细分光滑后的头部模型效果如图5-6所示。

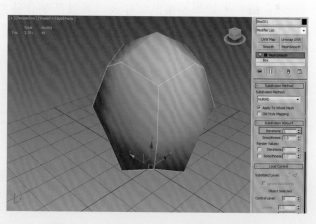

图5-5　MeshSmooth（光滑）参数设置

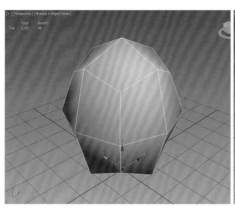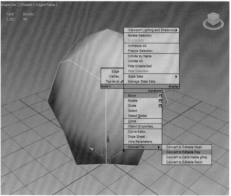

图5-6 细分光滑头部模型效果

（4）结合多边形模型的制作及编辑技巧制作冰晶巨人头部的大体结构。首先激活前视图，进入■（面层级）模式，选择左边的面进行删除，同时采用同步关联镜像复制的方式进行模型复制。然后在菜单栏选择▦（镜像复制）按钮，在弹出的菜单栏设置镜像复制的模式为Instance（关联复制），最后得到头部左侧的基础模型，如图5-7所示。

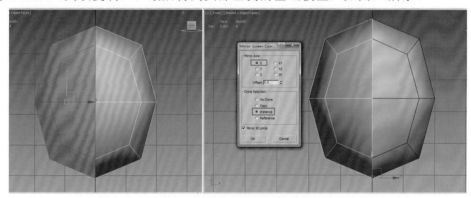

图5-7 头部模型镜像复制制作

（5）结合多边形模型的制作及编辑技巧制作头部的大体结构。进入▨（修改）面板，在下拉菜单中选择FFD4×4×4（变形器），运用变形器对冰晶巨人头部的模型进行基础的编辑，如图5-8所示。进入到Control Points（控制点）变形器模式，运用▦（选择并移动）、▦（选择并缩放）键分别在前视图及侧视图的两个视图中对头部正面及侧面的结构进行调整，需要注意多结合冰晶巨人头部模型的造型调整控制点的位置变化，如图5-9所示。

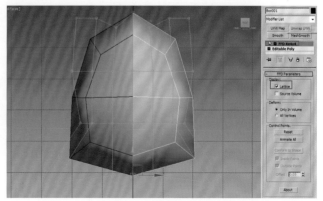

图5-8 冰晶巨人头部正面变形器调整效果

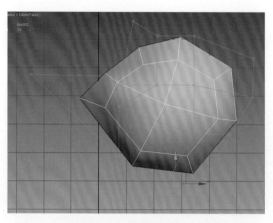

图5-9　冰晶巨人头部侧面变形器调整效果

（6）根据冰晶巨人头部模型结构造型的特点，接下来开始对头部模型五官的基础结构进行编辑。首先进入 █（点层级）模式，结合 █（选择并移动）命令，对头部额头、鼻子、下巴的大体结构进行准确定位，注意从正面、侧面对头部模型的结构进行微调，如图5-10所示。在模型上右击，在弹出的快捷命令栏中选择Cut（剪切）命令，对鼻尖及颧骨部分的结构进一步刻画，同时进行点、线结构位置的适当调整，如图5-11所示。

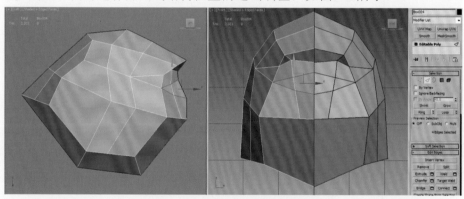

图5-10　头部外部结构大体定位

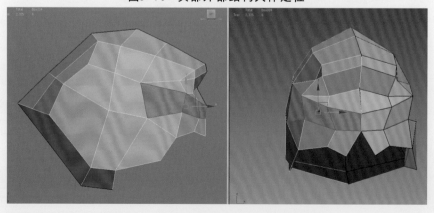

图5-11　鼻子及颧骨大体形体结构调整

（7）结合头部模型整体结构变化，进入▣（面层级）模式，对脸部侧面及下颌角部分的结构从正面、侧面进行细节的调整，运用Cut（剪切）命令逐步添加侧面脸部的结构细节，得到比较明确的头部大体结构，如图5-12所示。

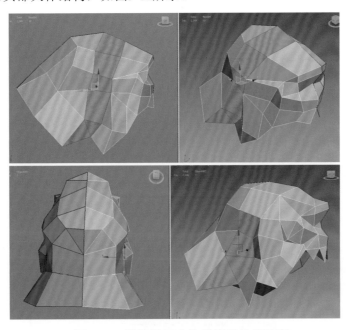

图5-12　脸部侧面大体模型结构调调整

（8）在完成头部大体模型的制作之后，对头部底面的模型结构进行细节的造型制作，根据头部结构走向及外部造型特点，运用Cut（剪切）命令添加内部的结构线段。进入▦（点层级）模式，运用▦（选择并移动）命令对底面大体结构进行细节的调整，如图5-13所示。

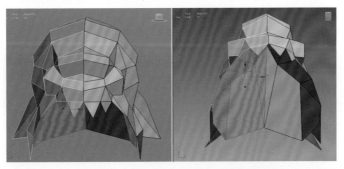

图5-13　头部底面模型结构局部刻画

（9）在完成嘴部上半部分模型的大体结构后，接下来处理下颌角的大体结构造型，运用Cut（剪切）命令添加下颌角的结构线段，注意结合嘴部结构进行线段的添加。同时进入▦（点层级）模式，对下颌角的大体结构进行细节调整，如图5-14所示。同时根据冰晶巨人的下颌角及下巴结构的造型变化继续添加下巴的结构造型，特别是嘴部的细节造型的变化，如图5-15所示。

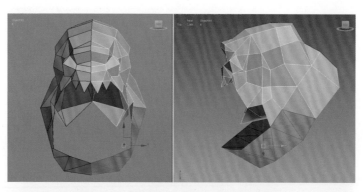

图5-14　下颌角及下巴结构造型制作

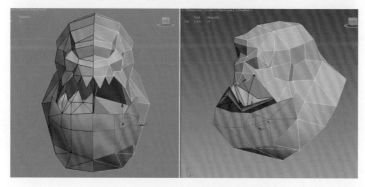

图5-15　嘴部及下巴细节刻画调整

（10）在完成嘴部整体的结构造型制作后，继续对冰晶巨人牙齿的结构进行整体的刻画。进入▣（点层级）模式，选择下嘴唇结构的点，运用Chamfer（倒角）命令挤压出牙齿的形体结构。注意：从前视图及侧视图两个视图中来观察及调整添加牙齿形体的变化，如图5-16所示。

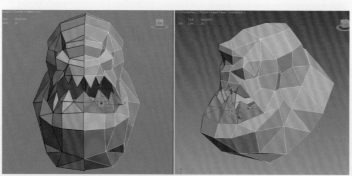

图5-16　嘴部牙齿形体结构的刻画

（11）结合头部的结构造型继续完成颈部结构的细节刻画。进入▣（面层级）模式，继续单击Cut（剪切）命令对颈部的模型布线进行拉伸制作，进入点线面编辑状态，运用▣（选择并移动）命令对脖子的结构结合肩部的结构进行整体调整，如图5-17所示。在制作颈部模型结构的时候，注意处理好与头部及肩部模型结构造型变化，如图5-18所示。

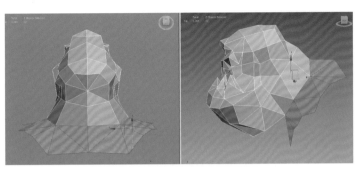

图5-17 颈部模型结构制作

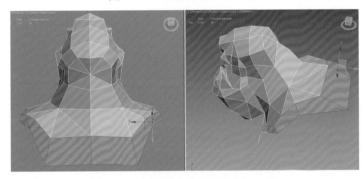

图5-18 颈部及肩部结构大体调整

（12）在调整完成颈部模型的结构造型后，结合肩部的结构造型变化，进入■（面层级）模式，对胸部及锁骨部分的结构进行整体调整，从各个视图对胸部的结构进行点线面的结构调整。特别是注意结合胸部肌肉结构的变化进行模型细节的刻画，如图5-19所示。

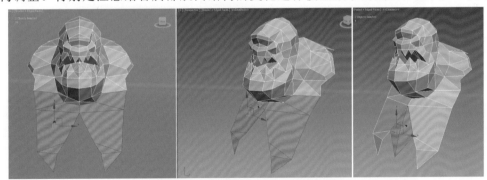

图5-19 胸部模型结构调整效果

（13）结合多边形模型制作及编辑的技巧，制作身体大体的造型。进入■（面层级）模式，选择肩部背面的面进行拉伸制作，运用■（选择并移动）、■（选择并缩放）等工具分别在前视图及侧视图两个视图里对身体背面的结构进行调整，注意多结合冰晶巨人身体模型的造型调整点线面的位置变化，如图5-20所示。同时结合肩部模型结构的制作技巧，对肩部装备的模型结构逐步逐层地进行细节刻画。注意与头部、胸部模型结构进行合理匹配。特别要注意与肩部凸起部分的结构细节，然后进行整体的调整，如图5-21及图5-22所示。

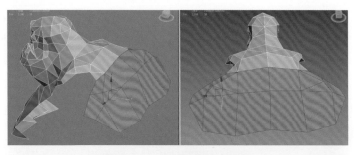

图5-20　背部模型结构制作

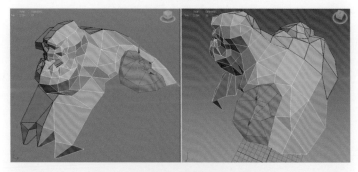

图5-21　肩部装备模型结构制作

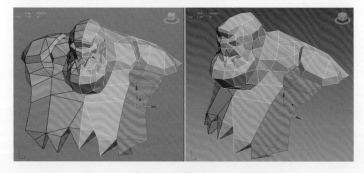

图5-22　胸部装备模型大体调整效果

（14）进入到▣（面层级）模式，继续对肩甲外侧的模型结构进行细节的刻画。结合冰晶巨人肩部结构造型的特点，添加凸起的模型并进行调整及细节刻画，为便于身体模型在制作时进行准确结构定位，注意装备模型与身体基础模型造型变化，如图5-23所示。

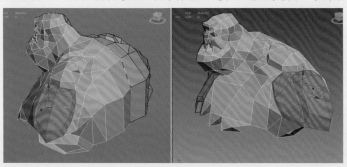

图5-23　身体装备模型镜像复制

（15）根据冰晶巨人身体模型结构造型的特点，接下来要开始对肩部及手臂的大体基础结构进行拉伸制作。首先给肩部装备模型的中间位置添加两道线段。进入 ■（面层级）模式，对肩部及背部的大体结构从正面及侧面进行点线面结构的调整，如图5-24所示。结合冰晶巨人体型特点再次从侧面对身体腰部的结构造型进行点、线、面结构位置的适当调整，如图5-25所示。

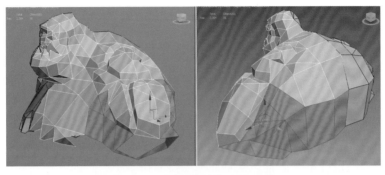

图5-24　肩部模型的结构调整

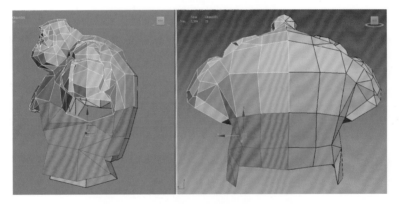

图5-25　身体装备侧面模型结构调整

（16）进入 ■（面层级）模式，结合 ▦（选择并移动）命令，根据冰晶巨人手臂结构造型特点进一步完善手臂的大体结构，运用多边形点、线、面的编辑技巧适当调整手臂正面及侧面模型结构线进行细节刻画，如图5-26所示。

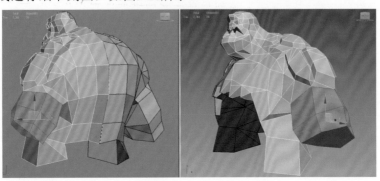

图5-26　手臂装备模型结构调整效果

（17）进一步对前臂护腕部分的模型结构进行细节刻画。进入■（边层级）模式，结合前面模型结构的变化，运用Cut（剪切）工具在肘关节衣袖袖口转折部分添加线段结构，使用◪（选择并移动）命令对护腕的内侧及外侧的结构线进行细节调整，如图5-27所示。

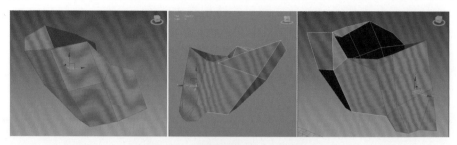

图5-27　护腕基础形体结构制作

（18）接下来继续对护腕结构线的细节进行刻画，注意在添加护腕线段时要结合冰晶巨人的前臂模型结构造型进行整体调整。从不同视图反复调整护腕正面及侧面的造型变化，使得护腕的布线结构看起来更符合冰晶巨人的水晶刚硬结构造型特点，如图5-28所示。根据冰晶巨人护腕整体结构造型设计的特点完善外部水晶体结构细节的刻画，如图5-29所示。

图5-28　护腕模型结构线细节刻画

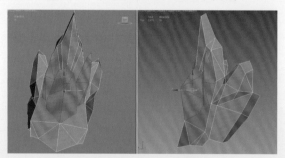

图5-29　护腕水晶体外部模型制作

（19）在完成护腕模型的细节刻画制作后，接下来继续对手部装备模型结构进行细节的制作。首先运用多边形编辑技巧调整手腕装备的结构线，然后逐步拉伸挤压，并运用移动、缩放工具对点线面进行细节的调整，如图5-30所示。手掌整体造型继续完成手指模型结构的细节制作，注意在制作时要从正反两面对手指进行细节的调整，处理好与手掌模型之间的衔接比例关系及结构线匹配，如图5-31所示。

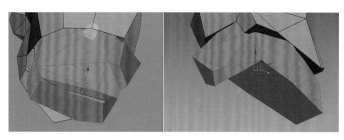

图5-30　手部结构造型制作

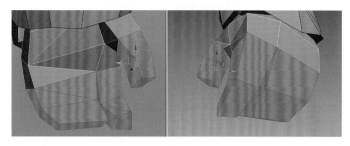

图5-31　手指模型结构细节调整

（20）进入■（面层级）模式，选择胸部的面进行复制并移动到一定的位置。运用▥（选择并缩放）命令对复制的面进行放大，运用多边形编辑技巧逐步对腰部兽头装备模型结构线进行点线面的调整，如图5-32所示。进入⬦（边层级）模式，运用Extrude（拉伸）工具在兽头装备添加结构线段。同时对兽头装备结构的点线面进行细节的调整，逐步制作出尖角的结构造型变化，注意要结合兽头装备的整体结构进行合理的编辑，如图5-33所示。

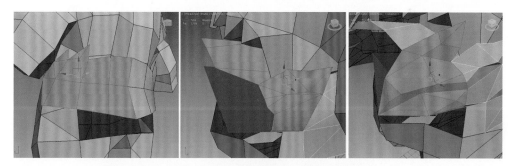

图5-32　腰部装备模型结构制作及编辑

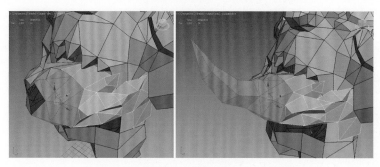

图5-33　腰部兽头模型结构细节调整

（21）结合前面的制作思路继续完善腰部装备下半部分大体模型结构制作，注意在编辑腰部兽头装备模型的时候要根据腰部的结构进行合理调整布线，结合移动、旋转等编辑工具调整兽头装备模型的整体布线，得到兽头完整的装备结构造型，如图5-34所示。

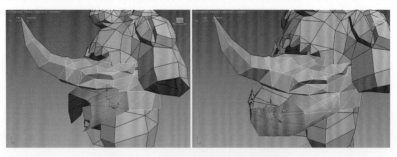

图5-34　腰部装备模型结构调整

（22）继续对冰晶巨人腿部披风的模型结构进行线段的添加及调整，要结合身体体形的结构进行模型结构的制作，特别是前面披风造型的变化，如图5-35所示。

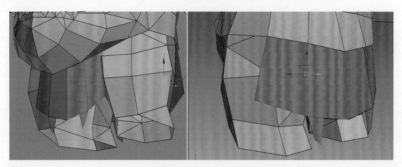

图5-35　腿部披风结构造型细节刻画

（23）在完成冰晶巨人上半身及腰部装备的模型之后，接下来继续完成腿部装备模型的制作。小腿装备的模型与鞋子裙摆的结构要分开制作，以便在后续更好地制作动画。复制小腿部分的面，放大到一定的程度，进入 （边层级）模式。在 修改下拉菜单中选择Extrude（挤压）命令。逐步拉伸挤压出小腿装备的大体结构，从透视图的各个角度进行模型线段的调整。根据小腿的结构进行线段的缩放，将小腿的结构调整到合适的位置，如图5-36及图5-37所示。

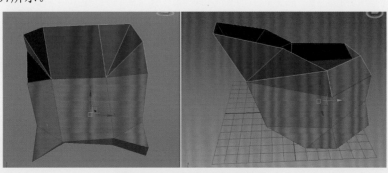

图5-36　小腿细节刻画效果

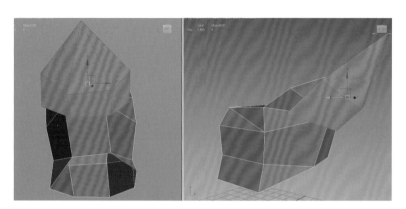

图5-37　小腿装备模型结构细节刻画效果

（24）复制小腿部分的面，放大到一定的程度，进入 ◁（边层级）模式。在 ☑ 修改下拉菜单中选择Extrude（挤压）命令。逐步拉伸挤压出靴子装备的大体结构，注意靴子踝关节模型结构的造型，注意在拉伸线段的时候要结合冰晶巨人的脚部结构进行调整，对模型的布线要求是规范合理，尽量以大结构造型为主，如图5-38所示。

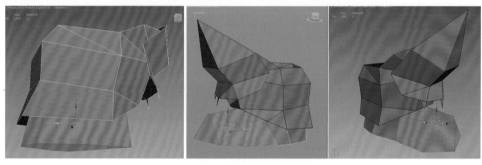

图5-38　靴子大体模型结构制作效果

（25）根据冰晶巨人身体装饰物件的设置特点，对颈部上的冰须模型进行进一步的刻画，进入 ■（面层级）模式。在颈部前面创建锥形几何体模型，运用多边形编辑技巧对锥形几何体进行点线面的编辑，并结合冰晶巨人造型的特点对冰须的造型进行整体结构的调整。注意与颈部、胸部的模型布线进行合理性匹配，如图5-39所示。结合冰晶巨人的整体造型设计，分别对身体各个部分冰刺的模型结构进行细节的定位制作，调整到合适的位置，如图5-40所示。

图5-39　冰须结构大体制作

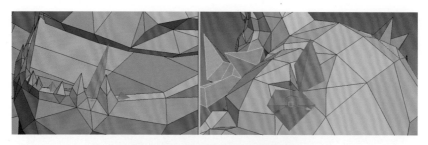

图5-40　冰刺模型结构调制作

（26）根据背景巨人整体的设计特点，对冰晶巨人的武器结构造型进行形体结构的定位。创建基础长方体模型，根据武器形体结构变化进行基础参数的设置，运用多边形编辑工具对武器的基础模型结构进行初步编辑，如图5-41所示。

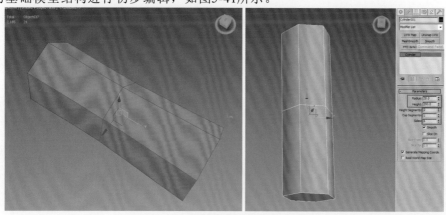

图5-41　武器模型结构进一步刻画

（27）再次对冰晶巨人的冰槌进行细节的刻画制作。在冰槌的两端进行结构造型细节的刻画，注意两端模型结构与冰槌中间部分的分段数要保持一致，如图5-42所示。运用多边形编辑技巧对冰槌的整体模型结构从正面、背面进行点线面的编辑，如图5-43所示。

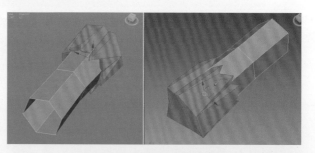

图5-42　冰槌大体结构制作

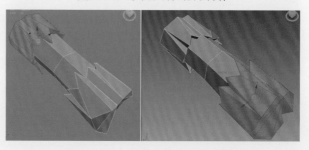

图5-43　冰槌模型整体制作效果

（28）最后对冰晶巨人的整体模型进行结构调整，特别是对身体与装备的模型结构线进行细致的刻画，对镜像复制的模型进行点线面的合并及模型法线进行统一。按照三维角色的规范流程进行模型模块的划分，如图5-44所示。

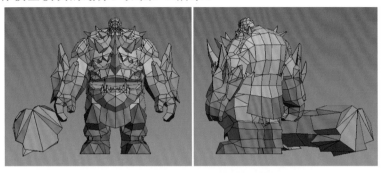

图5-44　冰晶巨人整体模型调整效果

5.3　冰晶巨人UVW的展开及编辑

在完成冰晶巨人模型的模型细节制作之后，接下来开始按照三维角色的制作流程，对冰晶巨人各个模块部分的模型结构进行UVW的指定及编辑。在对冰晶巨人UVW进行编辑时，我们根据建模的整体思路逐步分解进行。

头部模型的UVW展开

（1）激活头部的模型，给头部模型指定Planar（平面）坐标，对指定的坐标进行参数的设置，对头部的UVW根据模型结构进行展开。打开材质编辑器，给轮盘指定一个材质球，同时指定一个棋盘格作为基础材质，点击轮盘棋盘格纹理赋予冰晶巨人，并对棋盘格菜单栏中的基础参数进行调整，主要是便于观察UVW的分布是否合理，如图5-45所示。

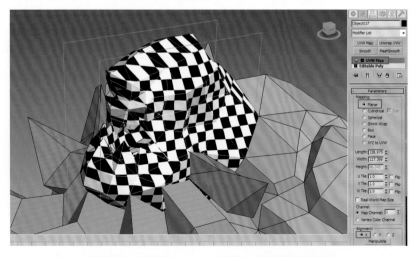

图5-45　头部Planar（平面）坐标展开设置

（2）在UVW编辑窗口分别选择脸部正面、侧面及后脑勺的UVW进行分解，注意在分解头部模型UVW时要结合头部模型布线的结构进行合理的分割。运用UVW编辑技巧对脸部正面及侧面的UVW坐标进行展开，然后调整侧面棋盘格大小，尽量和正面的棋盘格大小适度匹配。然后对耳朵及后脑勺部分的UVW进行编辑，如图5-46所示。

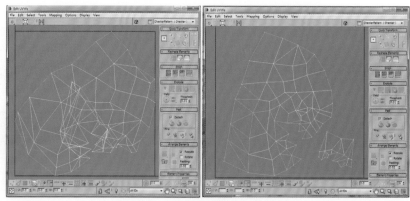

图5-46　头部UVW整体编辑效果

（3）结合模型制作的整体思路，接下来对胸部的整体模型进行UVW坐标的展开及编辑。选择胸部前面的模型指定Planar（平面）坐标模式，结合 （选择并旋转）命令进行角度的调整，如图5-47所示。进入UVW编辑窗口，运用UVW编辑的技巧对指定好的UVW坐标的胸部进行合理的编辑，注意把接缝位置隐藏到侧面，将指定好的UVW坐标在UVW窗口进行合理的排列，如图5-48所示。

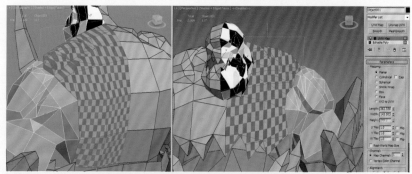

图5-47　胸部模型UVW展开效果

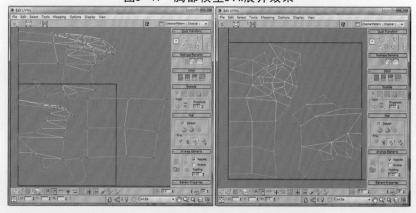

图5-48　胸部UVW坐标展开及排列效果

（4）继续对手臂的整体模型进行UVW坐标的展开及编辑。选择手臂前面的模型指定Planar（平面）坐标模式并进行参数设置，结合 ⊙（选择并旋转）命令进行角度的调整，如图5-49所示。进入UVW编辑窗口，运用UVW编辑的技巧对指定好的UVW坐标的手臂进行合理的编辑，注意把接缝位置隐藏到侧面，尽量减少拉伸的UVW，如图5-50所示。

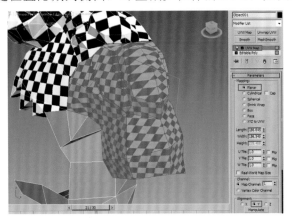

图5-49　手臂UVW坐标指定及设置

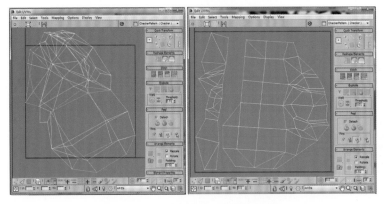

图5-50　手臂整体UVW排列效果

（5）继续对腰部的整体模型进行UVW坐标的展开及编辑。选择腰部侧面的模型指定Planar（平面）坐标模式并进行参数设置，结合 ⊙（选择并旋转）命令进行角度的调整，如图5-51所示。进入UVW编辑窗口，运用UVW编辑的技巧对指定好的UVW坐标的腰部进行合理的编辑，处理好正面与侧面UVW结构线的合理排列，尽量减少拉伸的UVW，如图5-52所示。

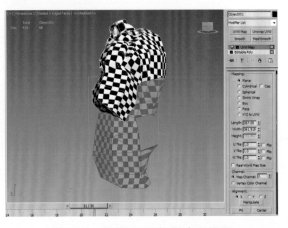

图5-51　腰部UVW坐标指定及设置

219

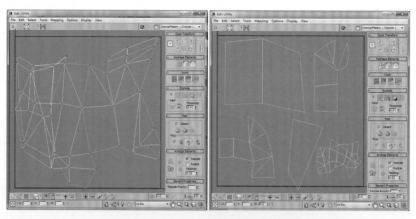

图5-52　腰部UVW编辑及排列效果

（6）接下来给护腕模型的UVW坐标，按照前面的思路进行细节的编辑。注意此部分我们结合手臂模型制作思路，对护腕装备模型指定Planar（平面）坐标模式并运用旋转工具进行轴向的调整，如图5-53所示。结合人体模型UVW的编辑流程及技巧，激活UVW线状态，选择护腕装备正面及背面衔接处的UVW进行分离并进行合理的排列，如图5-54所示。

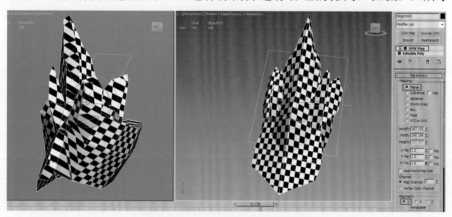

图5-53　护腕UVW坐标展开设置

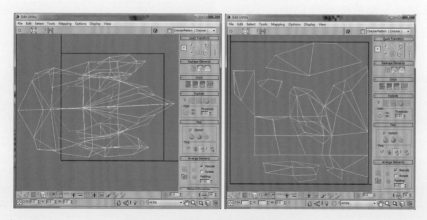

图5-54　护腕UVW整体编辑及排列

（7）继续对手部的整体模型进行UVW坐标的展开及编辑。选择手部侧面的模型指定Planar（平面）坐标模式并进行参数设置，结合 （选择并旋转）命令进行角度的调整，如图5-55所示。进入UVW编辑窗口，运用UVW编辑的技巧对指定好的UVW坐标的手部进行合理的编辑，处理好手部正面与侧面UVW结构线的合理排列，尽量减少拉伸的UVW，如图5-56所示。

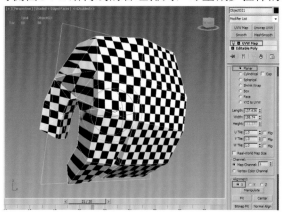

图5-55　手部模型UVW坐标展开及设置

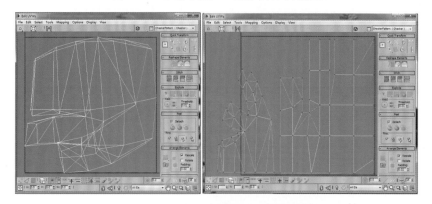

图5-56　手部装备整体UVW排列效果

（8）根据冰晶巨人小腿模型的造型特点，对小腿装备部分的模型进行UVW坐标展开编辑，给小腿模型指定Planar（平面）坐标，再执行 （选择并旋转）命令，选择坐标轴到一定的角度，尽量与小腿模型方向保持一致，如图5-57所示。执行修改器中的"UVW展开"命令，然后进入"UVW展开"的"顶点"层级，使用 （自由形式）模式对小腿装备UVW点进行局部调整，逐步分解各个部分的UVW展开编排，使UVW最大限度地不拉伸，如图5-58所示。

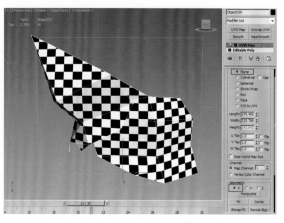

图5-57　小腿模型的UVW坐标展开

221

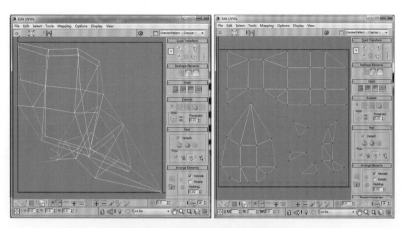

图5-58　小腿UVW整体编辑效果

（9）继续对靴子的模型进行UVW坐标的展开及编辑。选择靴子侧面的模型指定Planar（平面）坐标模式并进行参数设置，结合 （选择并旋转）命令进行角度的调整，如图5-59所示。进入UVW编辑窗口，运用UVW编辑的技巧对指定好的UVW坐标的靴子进行合理的编辑，处理好正面与侧面UVW结构线的合理排列，尽量减少拉伸的UVW，如图5-60所示。

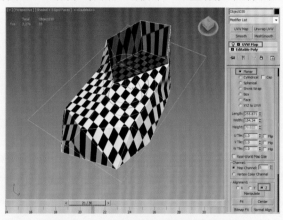

图5-59　靴子UVW坐标指定及调整

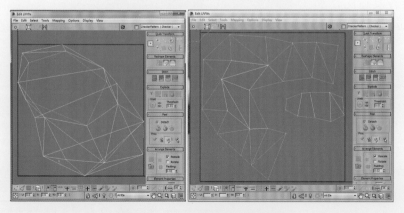

图5-60　靴子UVW编辑排列效果

（10）接下来给兽头上半部分装备模型进行UVW坐标指定，按照前面的思路进行坐标展开，注意此部分要结合兽头装备的模型结构指定Planar（平面）坐标，并进行坐标轴向的旋转及适配，如图5-61所示。运用UVW的编辑技巧对兽头上半部分装备外侧及内侧的UVW进行分离，结合手动调整对兽头的UVW进行合理的排列。注意：接缝位置合理安排到内侧位置，如图5-62所示。

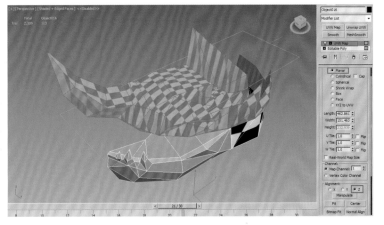

图5-61　兽头UVW坐标指定及展开

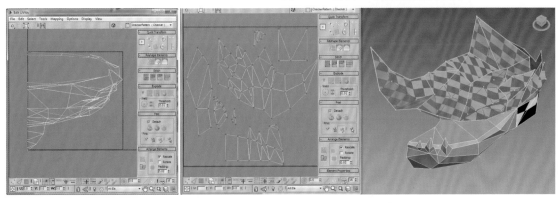

图5-62　兽头上半部分UVW坐标指定及调整

（11）接下来给兽头下半部分装备模型进行UVW坐标指定，按照前面的思路进行坐标展开，注意此部分我们结合兽头装备的模型结构指定Planar（平面）坐标，并进行坐标轴向的旋转及适配，如图5-63所示。运用UVW的编辑技巧对兽头下半部分装备外侧及内侧的UVW进行分离，结合手动调整对下半部分兽头的UVW进行合理的排列，如图5-64所示。

图5-63　兽头下半部分UVW坐标指定及展开

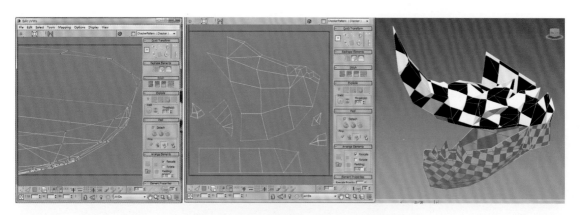

图5-64　兽头下半部分UVW坐标编辑及排列

（12）接下来给冰晶巨人冰槌模型进行UVW坐标指定，按照前面的思路进行坐标展开，注意此部分要结合武器各个部分模型结构指定Cylindrical（圆柱）坐标，并进行坐标轴向的旋转及适配，如图5-65所示。运用UVW的编辑技巧对武器的UVW进行分离，结合手动调整对武器的UVW进行合理的排列。在排列时尽量运用直线进行排列，如图5-66所示。

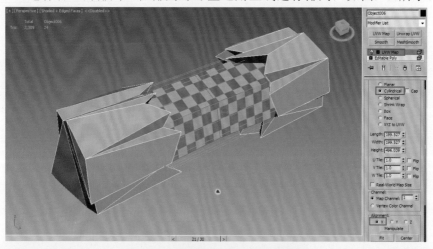

图5-65　武器UVW坐标指定及设置

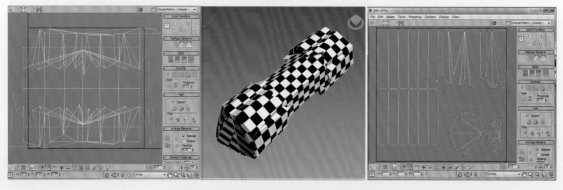

图5-66　武器模型UVW编辑及排列效果

（13）运用UVW编辑技巧对冰晶巨人整个身体的UVW进行排列，在排列时要有选择性地对上半身（头部、胸部）及武器的UVW进行放大，以便在后续更好地利用贴图空间，绘制更多的细节，如图5-67所示。结合前面UVW结构线输出的流程，对冰晶巨人的整体UVW进行渲染输出，对输出的参数进行设置，如图5-68所示。

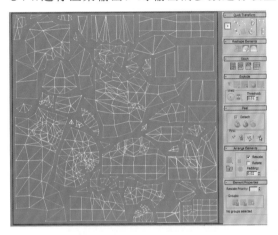

图5-67　冰晶巨人整体UVW编辑及排列效果

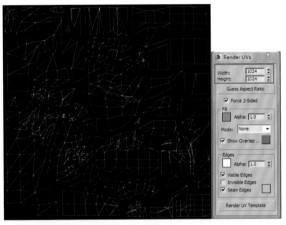

图5-68　渲染输出冰晶巨人UVW结构线

5.4　冰晶巨人材质绘制

在完成冰晶巨人模型、UVW的整体制作及编辑之后，接下来开始进入冰晶巨人材质的制作流程。制作冰晶巨人材质流程整体上主要分解为三部分：①角色模型整体灯光设置；②烘焙纹理贴图；③皮肤材质质感纹理绘制。

5.4.1　冰晶巨人模型灯光设置

（1）首先进行环境光的设置。其方法是，执行菜单中的Environment and Effects命令（或按键盘上的8键），然后在弹出的Tint对话框中单击Ambient下的颜色按钮，在弹出的Color Selecter（色彩选择）对话框中将Tint中的Value调整为170，将Ambient中的Value亮度调整为160，如图5-69所示。

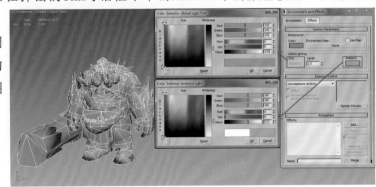

图5-69　环境参数的设置

225

（2）创建聚光灯。其方法是，单击 （创建）面板下 ▣（灯光）中的Target Spot（聚光灯）按钮，然后在顶视图前方创建一盏聚光灯作为主光源。调整双视图显示模式，切换到"透视图"调整聚光灯位置。根据冰晶巨人材质属性的特点，结合模型结构对灯光的参数进行设置，如图5-70所示。

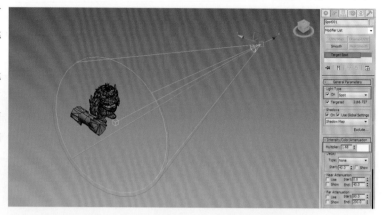

图5-70　环境灯光创建及位置调整

（3）冰晶巨人模型环境辅光源（环境光、反光）的创建。其方法是，单击 ▣（创建）面板下 ▣（灯光）中的Skylight（天光灯）按钮，同时对辅光的参数进行适当的调整，如图5-71所示。

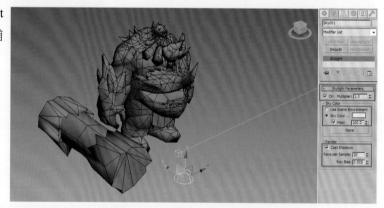

图5-71　调整日光灯基础参数

（4）冰晶巨人模型背面环境辅光源（环境光、反光）的创建。其方法是，单击 ▣（创建）面板下 ▣（灯光）中的Omni（泛光灯）按钮，同时要对辅光的参数及位置进行适当的调整，如图5-72所示。

图5-72　背面辅光设置定位

（5）根据冰晶巨人的结构造型变化及灯光参数设置，细节调整主光及各个辅光泛光灯参数。按键盘上的F10键进行及时渲染，反复调整灯光的参数，并对渲染的尺寸进行设置，得到明暗色调比较丰富的人体明暗效果。注意：复制几个不同角度的冰晶巨人模型进行整体渲染，渲染冰晶巨人效果如图5-73所示。

图5-73　冰晶巨人灯光渲染效果

5.4.2　冰晶巨人材质纹理绘制

1.冰晶巨人纹理烘焙渲染

激活冰晶巨人整体模型。按键盘0键快捷键，打开"渲染到纹理"菜单栏，对菜单栏的基础参数根据头部材质UVW排列进行设置。注意渲染的模式及渲染通道一定要正确。设置如图5-74所示。单击下面的Render按钮，在弹出的窗口选择继续，渲染输出得到设置好灯光的身体明暗纹理贴图，如图5-75所示。

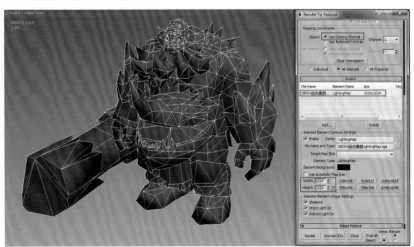

图5-74　冰晶巨人整体烘焙渲染设置

227

图5-75 冰晶巨人烘焙渲染输出效果

2.冰晶巨人纹理贴图绘制

（1）激活Photoshop图标按钮，进入Photoshop的绘制窗口。在UVW结构线的图层上，新建图层，激活冰晶巨人整体模型的UVW结构线并对结构线进行提取，同时打开烘焙的明暗纹理进行排列，如图5-76所示。拖动烘焙的明暗纹理到线稿图层的下面，调整线稿的不透明度，从前景色上选择一个红色作为头部的基础皮肤色彩，如图5-77所示。

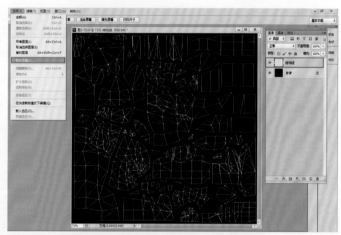

图5-76 冰晶巨人UVW结构线提取

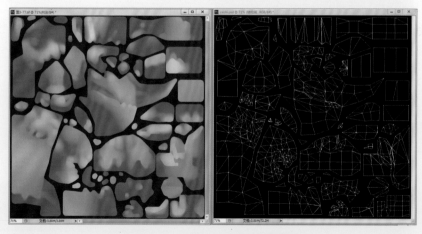

图5-77 冰晶巨人分层及排列

（2）保存冰晶巨人明暗纹理图层和结构线分层的PSD文件。保存PSD为"头部"文件。同时打开Max选择冰晶巨人的模型文件。给烘焙好的材质纹理设置材质通道。得到冰晶巨人整体的纹理材质效果，以便在后续绘制纹理的时候更好地及时显示更新，如图5-78所示。

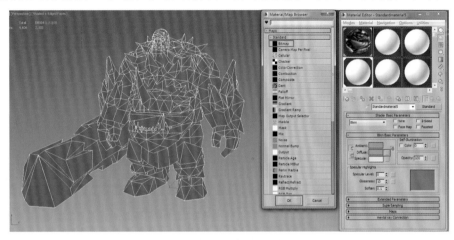

图5-78　指定纹理给模型设置材质通道

（3）激活画笔工具，单击 🖼 工具按钮，在弹出的窗口中对画笔的各个选项根据绘制纹理的需要进行设置。开始逐步逐层地绘制冰晶巨人整体明暗的层次变化，注意在绘制不同部位明暗的时候要及时调整画笔的大小及不透明度，反复刻画脸部、皮肤及身体装备等过渡的色彩变化，如图5-79所示。同时结合3ds Max的头部模型显示效果对头部皮肤纹理进行细节的调整，注意刻画脸部亮部及暗部的皮肤色彩关系，如图5-80所示。

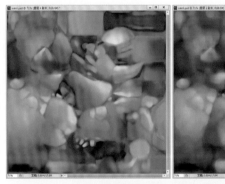

图5-79　冰晶巨人整体明暗纹理大体绘制效果

图5-80　冰晶巨人模型色彩显示效果

229

（4）运用PS的色彩绘制技巧，对叠加的皮肤纹理及明暗纹理进行色彩明度、纯度、色彩饱和度细节的调整，特别是头部正面与侧面的色彩变化，如图5-81所示。继续对身体及装备部分细节进行局部的刻画。要结合水晶体的纹理质感表现运用PS的绘制技巧逐步进行分层刻画。注意装备及皮肤亮部及暗部的明度、对比度及黑白灰层次的变化，如图5-82所示。

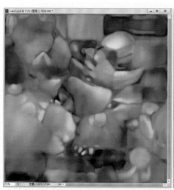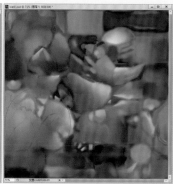

图5-81　冰晶巨人皮肤明暗色调细节刻画

图5-82　冰晶巨人皮肤纹理细节刻画

（5）在整体明暗纹理图层的上面新建图层，命名为"颜色"。单击工具条■前景色进行腿部基础色彩的设置。结合冰晶巨人基础色彩的定位，运用✐（吸笔）工具从前景色吸取蓝色作为基础色彩，如图5-83所示。填充选定的色彩给"颜色"图层，与前面烘焙出来的整体明暗纹理进行图层的混合，如图5-84所示。

图5-83　冰晶巨人纹理基础色彩设置

图5-84　冰晶巨人基础色彩填充效果

（6）根据冰晶巨人材质的特点结合皮肤、装备、水晶体色彩固有色进行准确定位，同时指定绘制好的纹理给角色模型，结合光源关系进行大体色彩明度及纯度的调整，如图5-85所示。

图5-85　指定模型材质整体显效果

（7）在指定好整体的色调之后，根据光源变化对头部亮部及暗部的色彩明度、纯度及色彩饱和度进行细节的刻画。注意结合明暗烘焙纹理，调整笔刷大小及不透明度变化，对眼睛、嘴部等五官部分的纹理细节进行精细的刻画，如图5-86所示。根据冰晶巨人材质纹理的定位，运用硬笔刷对头部五官各个部分的纹理细节进行逐层绘制，注意亮面及暗面色彩明度、纯度、色彩饱和度等的对比关系及虚实变化，如图5-87所示。

231

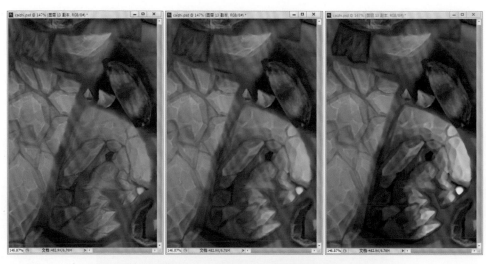

图5-86　头部整体色彩绘制效果

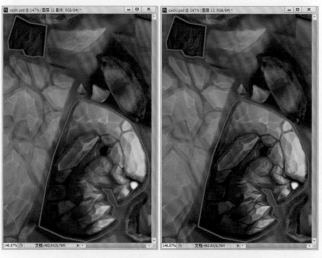

图5-87　头部整体材质纹理刻画效果

（8）切换到Max窗口激活冰晶巨人模型。把绘制好的头部纹理指定给头部模型，结合光源变化进行明暗及色彩关系的整体调整，特别是明暗交接部分的虚实变化，如图5-88所示。

图5-88　头部模型材质绘制显示效果

（9）运用PS的色彩绘制技巧，对叠加的身体装备纹理及明暗纹理进行色彩明度、纯度、色彩饱和度细节的调整。特别是身体正面与侧面的色彩变化。运用不同的笔刷结合PS的绘制技巧逐步对身体冰晶材质质感进行分层刻画。注意与头部整体统一协调，如图5-89所示。

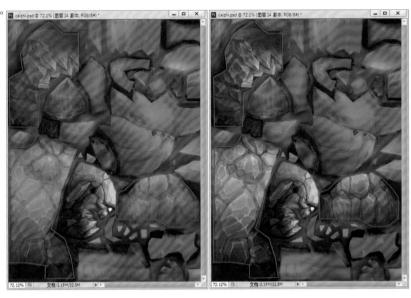

图5-89　身体冰晶纹理逐层色彩细节刻画

（10）接下来我们结合光源变化对身体冰晶纹理细节进行精细的刻画，我们在刻画身体亮部及暗部纹理时可以从头部的亮部及暗部分别吸取色彩，逐步完成身体装备部分的细节绘制，把握好身体色彩冷暖变化及明暗效果的表现，如图5-90所示。

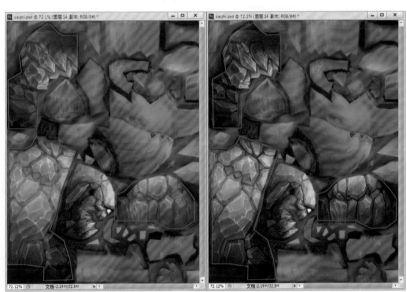

图5-90　身体冰晶纹理整体刻画效果

（11）在绘制完成身体冰晶纹理之后，指定绘制好的光源变化对胸部纹理亮部及暗部的色彩明度、纯度及色彩饱和度进行细节的刻画。把绘制好的纹理指定给冰晶巨人胸部模型，如图5-91所示。

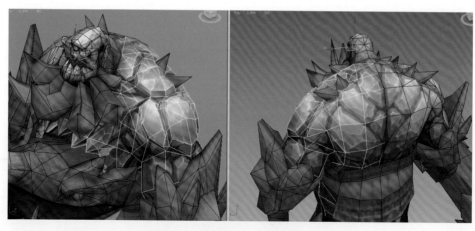

图5-91　胸部整体模型纹理效果

（12）激活画笔工具，调整笔刷的大小及不透明度变化，运用不同的笔触对颈部冰晶胡须纹理进行不同层次的绘制，结合头部及身体材质光源变化绘制胡须亮部及暗部过渡的色彩变化。注意把握好水晶材质质感的特殊技法表现，如图5-92所示。

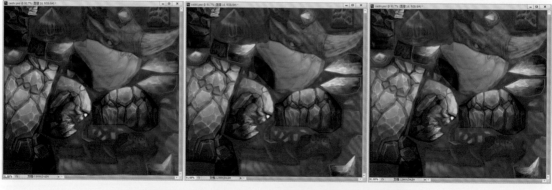

图5-92　胡须结构线及烘焙纹理调整排列效果

（13）在绘制完成胡须整体的纹理之后，结合光源变化对头部及胡须的亮部及暗部的色彩明度、纯度及色彩饱和度进行细节的刻画。把绘制好的纹理指定给头发模型，同时结合3ds Max的颈部胡须模型显示效果进行细节的刻画，注意处理与头部及身体之间的色彩关系，如图5-93所示。

图5-93　胡须纹理大体绘制效果

（14）结合身体装备材质纹理的定位，继续对护腕装备的冰晶材质纹理质感的亮部及暗部色彩进行细节的绘制，注意结合光源逐步刻画护腕亮部及暗部色彩明度、纯度、色彩饱和度细节质感的表现，如图5-94所示。

图5-94　护腕冰晶材质质感绘制效果

（15）调整笔刷大小及不透明度变化，结合冰晶巨人整体护腕材质属性特点进行细节的刻画，注意护腕色彩的明度、纯度及冷暖关系。在刻画的时候注意结合光源对护腕亮部及暗部的虚实关系及色彩层次的变化逐层进行绘制，如图5-95所示。

图5-95　护腕冰晶材质细节刻画

（16）在绘制完成上半身服饰护腕冰晶材质纹理之后，整体对护腕亮部及暗部的色彩明度、纯度及色彩饱和度进行细节的刻画。把绘制好的纹理指定给身体及护腕模型，根据光源变化对护腕的纹理细节进行精细的刻画，如图5-96所示。

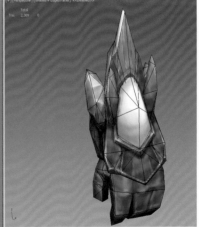

图5-96　护腕冰晶模型材质刻画效果

第5章　冰晶巨人角色制作

235

（17）结合冰晶巨人身体材质纹理绘制流程，继续对腰部兽头装备的纹理材质进行逐步逐层绘制，结合冰晶巨人整体材质质感对兽头上下两部分的纹理材质进行精细的刻画。注意牙齿及尖刺部分骨质材质质感亮部及暗部色彩明度、纯度色彩变化，如图5-97所示。

图5-97　兽头材质纹理质感细节刻画

（18）调整笔刷的大小及不透明度变化，结合冰晶巨人腰部兽头装备材质属性特点进行细节的刻画。注意兽头装备各个部分色彩的明度、纯度及冷暖关系。在刻画的时候注意运用光源对兽头骨质材质亮部及暗部的虚实关系及色彩层次的变化进行精细绘制，如图5-98所示。结合光源变化对兽头装备的亮部及暗部的色彩明度、纯度及色彩饱和度进行细节的刻画。把绘制好纹理指定给头发模型，同时结合3ds Max的兽头装备模型显示效果进行细节的刻画，注意处理与身体腰部及兽头衔接部分的色彩关系，如图5-99所示。

图5-98　兽头装备纹理细节刻画效果

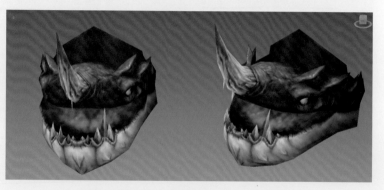

图5-99　兽头装备模型材质显示效果

（19）选择靴子图层的选区，结合腿部装备纹理材质绘制的流程对靴子及脚部金属及皮革纹理亮部及暗部的整体进行细节绘制。在刻画的时候注意运用不同的笔刷对靴子不同部位的纹理质感进行精细刻画，注意处理好靴子亮部及暗部色彩的虚实关系及层次的变化，特别是要处理好接缝位置的过渡色彩关系，如图5-100所示。结合光源变化对靴子的亮部及暗部的色彩明度、纯度及色彩饱和度进行细节的刻画，把绘制好的纹理指定给靴子模型，如图5-101所示。

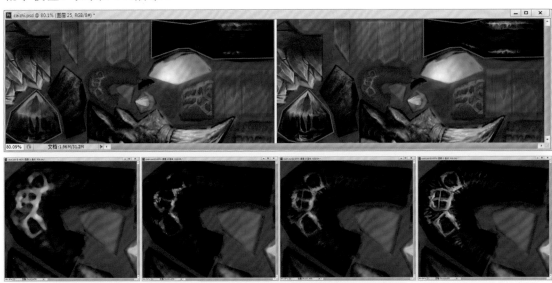

图5-100　靴子纹理质感细节刻画效果

图5-101　靴子模型材质显示效果

（20）结合光源变化在整体上调整冰晶巨人各个部分的纹理材质质感，把绘制好的材质指定给冰晶巨人模型，结合3ds Max的模型材质显示效果对上半身、下半身及装备的色彩明度、纯度及色彩饱和度再进行统一调整，如图5-102所示。

237

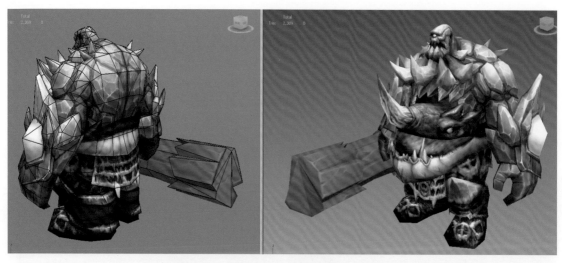

图5-102　冰晶巨人整体材质显示效果

　　（21）根据冰晶巨人整体材质刻画效果，调整笔刷大小及不透明度变化，对冰晶巨人冰槌武器的材质亮部及暗部的色彩进行精细绘制。注意冰槌材质纹理色彩的明度、纯度及冷暖变化，如图5-103所示。运用Photoshop绘制材质的技巧对冰槌亮部及暗部的色彩明度、纯度及色彩饱和度进行细节的刻画。把绘制好的纹理指定给冰槌武器模型，同时结合3ds Max的材质球的指定流程及模型材质显示效果进行细节的刻画，注意处理与冰晶巨人身体衔接部分的色彩关系，如图5-104所示。

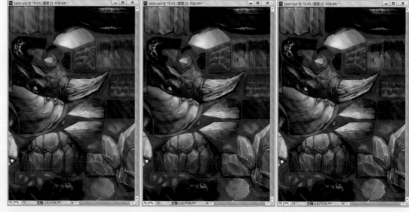

图5-103　冰槌装备纹理基础色彩设置

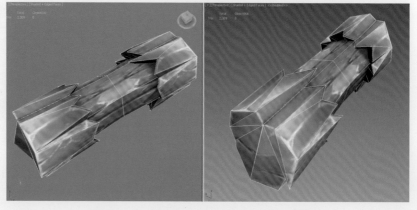

图5-104　冰槌武器的色彩细节绘制效果

（22）结合冰晶巨人整体模型的结构及光源变化，对身体、装备、武器等纹理亮部及暗部的整体色彩冷暖关系进行精细刻画。在刻画时注意运用不同的笔刷对各个部分材质进行精细绘制，特别要处理好上半身与下半身及武器色彩亮部及暗部的虚实关系及层次的变化，如图5-105所示。

图5-105　冰晶巨人整体材质质感细节刻画效果

（23）把绘制好的冰晶巨人整体材质纹理按照3dx材质指定规范赋予冰晶巨人的模型，根据光源变化对冰晶巨人模型亮部及暗部色彩的明度、纯度及色彩冷暖关系进行细节的刻画，整体上对上半身、下半身、武器各个部分材质的色彩明度、纯度及色彩饱和度进行统一调整，得到符合三维角色制作规范需求的模型材质显示效果，如图5-106所示。

图5-106　冰晶巨人模型材质刻画效果

5.5 冰晶巨人模型材质整体调整

　　在完成冰晶巨人整体纹理贴图绘制后，把材质逐步指定给冰晶巨人换装模型的各个部分，结合灯光渲染检查各个连接部分出现的接缝位置的色彩关系，结合模型的UVW结构线与纹理进行统一调整。从不同的角度进行渲染，结合Photoshop绘制纹理贴图的技巧及光影变化加强各个部分材质质感的表现。根据冰晶巨人设计特点进行渲染输出，如图5-107所示。结合引擎的输出应用，把制作好冰晶巨人模型材质的文件放置进三维场景进行整体合成，得到比较完整的三维角色与场景结合的画面效果，如图5-108所示。

图5-107　冰晶巨人模型材质最终完成效果

图5-108　三维角色与场景整体画面效果

5.6 本章小结

在本章中，我们介绍了写实冰晶巨人角色模型的制作流程和规范，重点介绍了写实冰晶巨人的模型结构、UVW编辑排列以及服饰纹理色彩绘制的特点，进一步讲解了制作三维模型及绘制纹理贴图的技巧。

通过对本章内容的学习，读者应当对下列问题有明确的认识。

（1）了解冰晶巨人单体模型制作的整体思路。

（2）掌握角色模型灯光设置及渲染的技巧。

（3）掌握角色模型的烘焙纹理材质的绘制流程和要求规范。

（4）重点掌握三维角色模型制作与纹理绘制的流程。

5.7 本章练习

结合冰晶巨人模型制作及材质纹理制作的技巧，从光盘提供的角色原画中选择一张怪物Boss原画，按照本章制作流程规范完成模型制作、UVW编辑、灯光渲染烘焙、材质纹理的整体制作。

第6章 终极Boss——摄魂者角色制作

章节描述

    本章重点讲解终极Boss——摄魂者的模型材质制作流程和规范，根据文案描述对摄魂者属性特征的描述定位，摄魂者属于法系与物理属性双修的终极怪物Boss，具有摄魂者职业专有的技能属性，角色整体装备的材质纹理以金属、皮革纹理为设计的主体。我们通过对摄魂者模型的制作流程及制作技巧精细讲解，进一步掌握高端模型制作结构造型的特点及流程规范的制作。本例以综合材质混合纹理为主材质叠加技法的应用，强调角色的皮肤、皮革、金属等的材质质感表现。

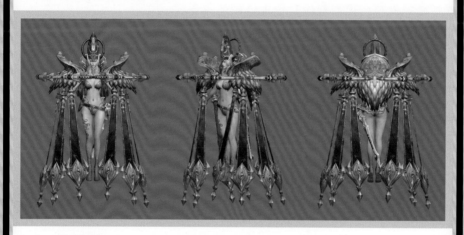

● **实践目标**
- 了解次世代三维角色模型的制作思路及流程
- 了解摄魂者模型制作的规范及制作技巧
- 掌握摄魂者UV编辑思路及贴图绘制技巧
- 掌握摄魂者皮肤、金属、皮革等材质质感的绘制技巧

● **实践重点**
- 掌握摄魂者次世代高模制作流程及制作技巧
- 掌握摄魂者UVW编辑技巧及排列规范要求

● **实践难点**
- 掌握摄魂者次世代模型制作及UV编辑流程及制作技巧
- 掌握摄魂者装备各个部分材质质感的绘制流程及规范

6.1 摄魂者概述

6.1.1 摄魂者文案设定

摄魂者属于外域异灵族,根据文案描述本例要制作的摄魂者角色设定如下。

背景:摄魂者是一个进化高阶异族人形高智商生物,存在于异度空间的强权种族,属于外域强权实力。拥有至高无上的生杀大权,生性好战,崇尚无休止的扩展,掠夺资源。

特征:男性体形巨大,狂野粗狂,骁勇善战,擅长物理强攻及控制灵魂,智商很高。女性容颜极为冷艳孤傲,擅长灵魂能力的控制,擅长法术控制,有很强的读心术,身材性感妖娆,既有精灵族身材的婀娜多姿,也有异族强大的生存技能及强健体格。

技能:摄魂者角色擅长使用法术一类的法器。拥有多种技能并发的掌控力,由于职业性别特点决定了摄魂者属于法术及物理技能兼具的综合技能系,因此可以使用一些魔法技能增强自身战斗的能力。

6.1.2 摄魂者服饰特点

摄魂者身上所穿戴的服饰与外域异界空间形色浑然一体,赤褐色的服饰凸显出摄魂者妖艳、聪慧的形象气质。高级摄魂者擅长法术系远程控制,具有强大的灵魂读心术。他们信奉外域异族的神灵,衣服及武器上都画有或刻有他们信奉的神灵图腾。服饰的颜色以红、黄、褐色作为主体色系,这使得摄魂者天赋更优越于其他职业。在使用法术技能方面,摄魂者擅长阵法和自然元素的组合,有很强的法术控场和驾驭万物的驱使技能。摄魂者整体绘制色彩效果如图6-1所示。

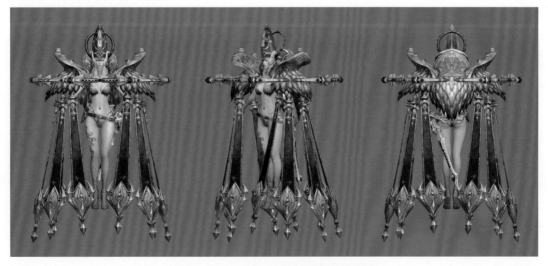

图6-1 摄魂者整体换装模型材质效果

6.2 摄魂者模型分析

在了解和分析了摄魂者形象特征及服饰特点后，根据文案的内容提示，开始进入摄魂者的模型及材质纹理的绘制分解过程。

我们制作摄魂者模型的时候，使用标准几何体及多边形的建模方式，再结合换装分块，逐步完成摄魂者各个部分模型及纹理制作。

摄魂者制作主要分为三个阶段。

①摄魂者模型的制作；②摄魂者UVW展开及编辑；③摄魂者灯光烘焙及贴图和法线纹理绘制。

本章主要讲解摄魂者模型——UV编辑——灯光烘焙——材质质感绘制的制作流程及制作技巧，并掌握摄魂者形体结构造型特点。即在制作摄魂者各个部位的模型细节时，需结合角色制作的规范流程，对摄魂者身体及装备的形体结构进行细节的刻画，特别是模型的面数及贴图的尺寸都有比较严格的规范要求。

摄魂者的整体模型制作主要分为三个大的环节来完成。

①摄魂者头部的制作；②摄魂者身体模型的制作；③摄魂者装备模型的制作。

注意在制作摄魂者结构比例的同时要参照人体参考图的结构进行合理调整。

6.3 摄魂者的模型制作

摄魂者的模型制作属于单体结构的制作思路，对模型各个部分的细节表达要精确到位。首先对头部的模型结构进行准确定位：头部模型主要由脸部、头发及头饰等部分组成。头部长宽高的比例结构定位是角色换装比较重要的构成部分。在制作头部五官基础模型的时候，结合原画参考图的结构造型特点进入模型的制作过程。

6.3.1 头部模型结构制作

（1）首先打开3ds Max2017进入操作面板，根据三维角色制作规范流程对Max的单位尺寸进行基础设置，以便在后续制作完成输出时，导出的人物、建筑或物件资源比例大小与程序应用尺寸互相匹配。单位尺寸基础设置如图6-2所示。

图6-2　单位尺寸基础设置

（2）单击 ⚙ 创建面板，激活Box（长方体）按钮，在Perspective(透视图）坐标中心单击开始创建长方体作为摄魂者头部的基础模型，对长方体的基础参数根据头部长宽高比例进行参数设置。在命令栏激活 ⊹ 移动键，右击XYZ轴，设置坐标为零，如图6-3所示。

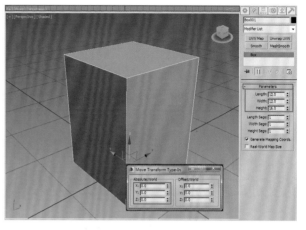

图6-3　创建头部基础模型

（3）给创建的长方体命名为"头部"，进入 ✎ （修改）面板，在下拉菜单中选择MeshSmooth（光滑）命令，设置光滑的显示的级别为3，如图6-4所示。转换头部基础模型为可编辑的多边形模型，得到比较合理的网格布线的多边形头部基础模型，同时调整中心轴的位置坐标到中心，细分光滑头部模型效果，如图6-5所示。

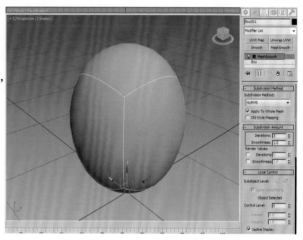

图6-4　MeshSmooth（光滑）参数设置

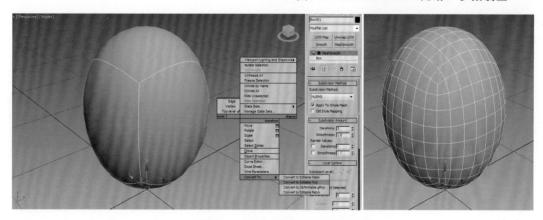

图6-5　细分光滑头部模型效果

（4）结合多边形模型制作及编辑技巧制作头部大体的结构。进入 ☑（修改）面板，在下拉菜单中选择FFD4×4×4（变形器），运用变形器对头部的模型进行基础的编辑，如图6-6所示。进入到Control Points（控制点）变形器模式，运用 ⊞（选择并移动）、⊞（选择并缩放）键分别在前视图及侧视图对头部正面及侧面的结构进行调整，注意多结合女性角色头部模型的造型调整控制点的位置变化，如图6-7所示。

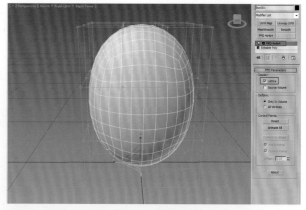

图6-6　FFD4x4x4（变形器）基础设置

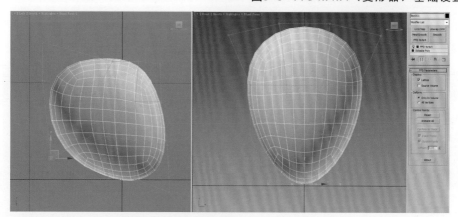

图6-7　变形器调整头部正面及侧面模型

（5）转换头部模型为可编辑的多边形，激活前视图，进入 ■（面层级）模式，选择左边的面进行删除，为便于头部模型在制作时进行准确结构定位，采用同步关联镜像复制的方式进行模型复制，在菜单栏选择　■镜像复制）按钮，在弹出的菜单栏设置镜像复制的模式为Instance（关联复制）得到左侧的基础模型，如图6-8所示。

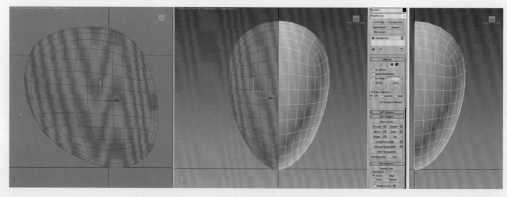

图6-8　头部模型镜像复制制作

（6）根据女性头部模型结构造型的特点，接下来开始对头部模型五官的基础结构进行编辑，进入 ◻（点层级）模式。激活软件选择模式，结合 ◻（选择并移动）命令，对头部额头、鼻子、下巴的大体结构进行准确定位，注意从正面、侧面对头部模型的结构进行微调，如图6-9所示。运用多边形模型编辑的技巧对鼻尖及额头部分的结构进行进一步的刻画，注意三庭五眼结构整体定位，对五官部位的点、线结构位置进行调整，如图6-10所示。

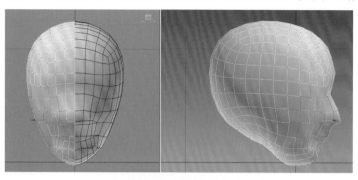

图6-9　头部外部结构大体定位

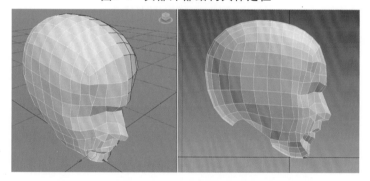

图6-10　嘴部、鼻子、眉弓大体形体结构调整

（7）进入 ◻（点层级）模式，对嘴部、鼻子及下巴的结构从正面、侧面进行细节的调整，运用Cut（剪切）命令逐步添加五官部分结构细节，得到比较明确的头部大体结构。对嘴部唇中线、上下嘴唇、嘴角的形态结构进行细节的刻画，同时结合人中及鼻子的结构从正面及侧面进行细节的调整，如图6-11所示。

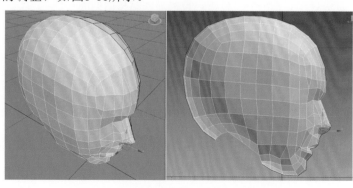

图6-11　五官形体结构进一步细节刻画

（8）在完成头部大体模型制作之后，结合前面制作模型的基本思路，对嘴部的模型结构进行细节的造型制作。根据嘴部肌肉结构走向及外部造型特点运用剪切命令添加嘴部的结构线段。进入▣（面层级）模式，运用🔲（选择并移动）命令对嘴角、唇中线及上下嘴唇的结构进行大体结构的刻画，如图6-12所示。

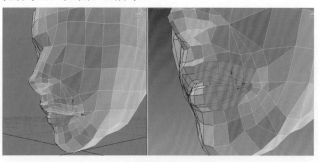

图6-12　嘴部模型结构局部刻画

（9）在完成嘴部的细节刻画后，继续对鼻子的结构进行整体的刻画。进入⠰（点层级）模式，运用Cut（剪切）命令对鼻翼、鼻头、鼻根的形体结构进行细节的刻画。根据女性鼻部结构进行结构线的添加。结合鼻底及鼻翼的整体模型结构变化对鼻孔及鼻根中部造型结构进行线段的添加，注意从前视图及侧视图来观察及调整添加鼻部与嘴部形体的变化，如图6-13所示。进入⠰（点层级）模式，继续完成鼻根、鼻梁骨模型结构的细节刻画。注意在刻画鼻根模型造型的时候，从透视图、侧视图反复调整鼻部整体模型的结构变化，要特别注意处理好鼻根与内眼角结构的衔接关系，如图6-14所示。

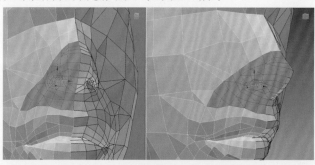

图6-13　鼻头、鼻翼形体结构的刻画

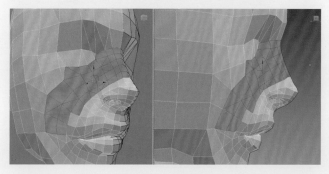

图6-14　鼻梁、鼻根及脸部正面形体结构细化效果

（10）眼睛部位的结构与眉弓是紧密关联在一起的。眼睛主要由上眼睑、下眼睑、内外眼角及眼球瞳孔等多个部位组合而成，是脸部五官结构造型最富有表现的部位。在添加线段进行各个部位结构细节刻画的时候要从不同的视图进行反复的调整。在刻画眼睛内部结构造型的时候，多参照提供的原画参考图片对上下眼睑及眼球的模型结构进行精细的刻画，如图6-15所示。

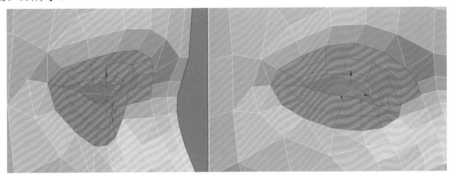

图6-15　眼睛结构造型细节刻画

（11）在制作完成脸部正面五官的模型细节造型后，根据头部整体造型的特点，继续对头部侧面、后脑勺及下巴与脖子连接部位的模型结构进行准确定位。运用Cut（剪切）命令添加线段，制作下巴转折部分的模型结构，单击▦（选择并移动）命令结合透视图、侧视图对添加的下巴部分的大转折结构进行编辑。结合嘴部、下颌角的肌肉结构走向进行点线面结构的细节刻画，如图6-16所示。

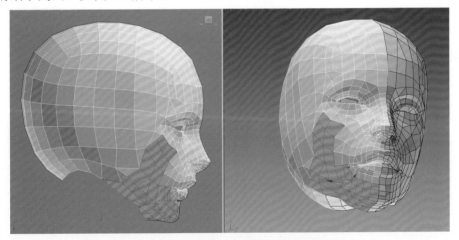

图6-16　下巴及下颌角模型结构细节刻画

（12）接下来结合头部侧面脸部的结构对模型的线段进行合理的调整。运用Cut（剪切）命令对侧面耳朵的结构线进行明确的定位，制作出耳朵的大体结构，注意要结合"三庭五眼"结构变化对点线面进行合理的结构调整。根据耳朵结构变化，对耳朵与脸部衔接部位的点线进行合并及位置的调整，特别处理好与颈部、后脑勺及下颌角部位的结构造型变化，如图6-17所示。

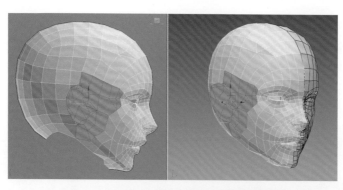

图6-17　耳朵及脸部侧面结构细节刻画

（13）在调整完成脸部五官及脸部模型的结构造型后，结合眉弓的结构造型变化，进入■（面层级）模式，对额头的模型结构进行细节的刻画，从各个视图根据额头的结构进行点线面的结构调整。注意与头顶、眉弓衔接部分模型结构的布线要规范合理，如图6-18所示。

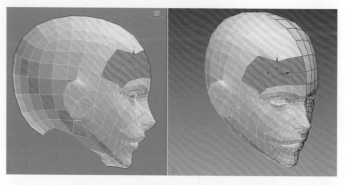

图6-18　额头整体模型结构细节刻画

（14）最后对摄魂者头部模型的正面及侧面进行细节的调整，特别是五官的各个部分的结构结合女性头部造型特点进行结构造型的精细刻画。给头部模型添加Smooth（光滑）命令进一步调整头部模型的结构造型，如图6-19所示。

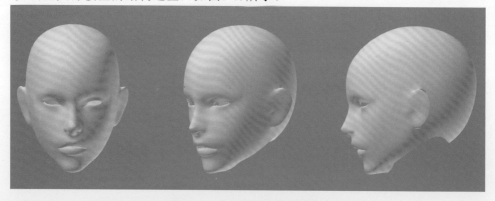

图6-19　头部光滑显示效果

注意：此部分我们按照次世代角色制作的流程及规范要求来进行模型结构定位，在模型细节制作上对Poly面数相对比较多，具有更多的模型细节表现，尽量结合肌肉的结构走向进行细节的整体调整。

6.3.2 身体模型结构制作

（1）进入 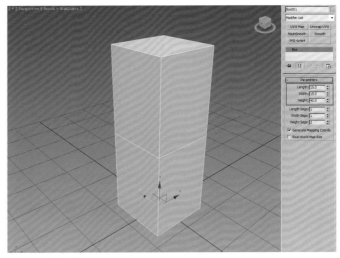（修改）面板，在透视图创建长方体基础模型，结合前面的制作思路，对长方体模型进行位置坐标的归位，同时结合身体的比例结构对长方体的长宽高的参数进行设置，右击在快捷栏转换长方体为可编辑的多边形物体，如图6-20所示。

图6-20　身体长方体基础模型创建

（2）进入 ■（修改）面板，在下拉菜单中选择MeshSmooth（光滑）命令，设置光滑的显示级别为2。转换长方体基础模型为可编辑的多边形模型，得到网格布线比较合理的多边形身体基础模型，如图6-21所示。

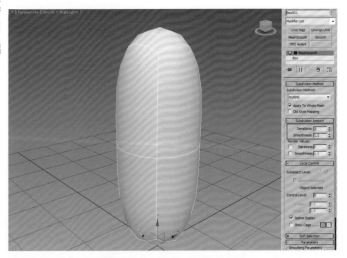

图6-21　身体模型光滑设置

（3）结合多边形模型制作及编辑的技巧制作身体大体的造型。进入 ■（修改）面板，在下拉菜单中选择FFD4×4×4（变形器），在前视图对FFD变形器进行基础的身体造型调整。进入到Control Points（控制点）变形器模式，运用 ■（选择并移动）、■（选择并缩放）键分别在前视图及侧视图对身体正面及侧面的结构进行调整，注意多结合女性角色身体模型的结构造型调整控制点的位置变化，如图6-22所示。

251

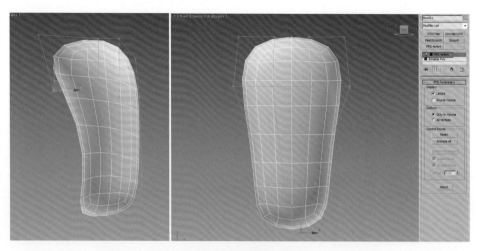

图6-22　FFD4×4×4（变形器）调整身体模型效果

　　（4）转换身体模型为可编辑的多边形，激活前视图，进入■（面层级）模式，选择左边的面进行删除，为便于身体模型在制作时进行准确结构定位，我们采用同步关联镜像复制的操作技巧进行身体模型编辑，单击■（镜像复制）按钮，在弹出的菜单栏设置镜像复制

的模式为Instance（关联复制），完成身体基础模型同步定位。进入🔅（点层级）模式，结合🔲（选择并移动）命令，根据女性身体模型结构造型的特点对身体胸部、腰部、臀部的大体基础结构进行编辑，如图6-23所示。

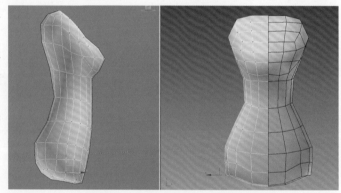

图6-23　身体模型镜像复制制作

　　（5）继续完成身体大体的模型结构后，进入◁（边层级）模式，运用Cut（剪切）工具在颈部添加结构线段。进入■（面层级）模式，选择颈部的面。单击Delete删除选择的面。

同时运用多边形编辑技巧对颈部的点线面进行细节的调整，要注意结合肩部、胸部的整体结构进行合理的编辑，如图6-24所示。

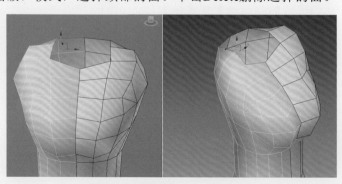

图6-24　添加颈部结构线线段

（6）结合前面的制作思路继续完善肩部基础模型结构编辑，注意在编辑肩部模型时要根据肩部及胸部的结构造型进行合理调整，调整肩部与手臂连接部分的关节点，同时进入 ■（面层级）模式，选择肩部转折面进行删除，得到肩部的大体结构造型，如图6-25所示。

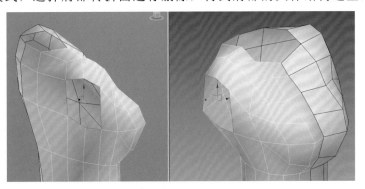

图6-25　肩部与手臂连接部分模型制作

（7）进入模型女性身体最关键的部位——胸部结构的细节刻画。进入 ◁（边层级）模式，结合胸部肌肉结构的变化，运用Cut（剪切）工具在胸部乳房添加结构造型，使用 ♦（选择并移动）命令对胸部的内侧及外侧的结构线进行细节调整，如图6-26所示。

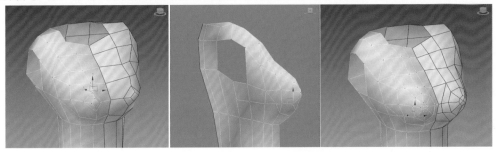

图6-26　胸部结构线形体调整

（8）接下来继续对胸部乳房模型结构线进行细节的刻画，为便于观察，对材质球的色彩适度进行调整，注意在添加胸部线段时要结合女性的结构造型进行整体调整。从不同视图反复调整胸部正面及侧面的造型变化，使得乳房的结构看起来更圆润。特别对乳沟内部结构线段的刻画调整要准确到位，如图6-27所示。

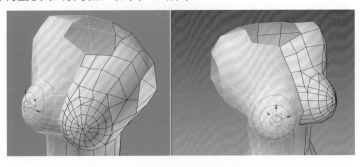

图6-27　胸部模型结构线细节刻画

（9）继续对乳房外侧的模型结构进行细节的刻画，结合女性人体结构特点对胸部及腋窝的结构添加线段并进行调整。根据女性胸部的造型特点及结构定位，对乳沟、胸部及乳下结构进行结构线的细节调整，如图6-28所示。

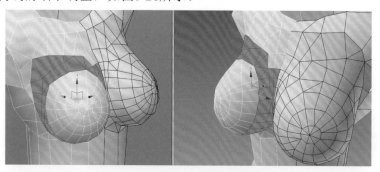

图6-28　乳房外侧模型结构调整

（10）在完成胸部整体模型结构制作后，进入（边层级）模式，运用Cut（剪切）工具继续对肩部的结构进行进一步的刻画，结合肩膀骨骼及肌肉的结构走向进行布线的调整。在编辑肩部结构造型的时候，要注意与男性角色肩膀结构造型的差异性，同时结合手臂、颈部结构的结构进行点线面的合理调整，如图6-29所示。

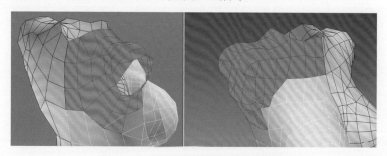

图6-29　肩部及颈部结构细节刻画

（11）根据女性身体造型的特点，对腰部的模型结构进行细节的刻画，在调整腰部结构时要从各个视图反复调整腰部正面及侧面的模型结构，把握好女性腰部与胸部之间的转折部分结构造型的整体变化，如图6-30所示。

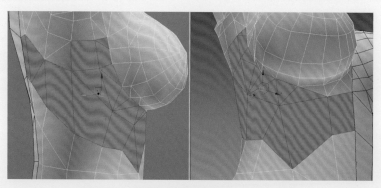

图6-30　腹部及腰部模型结构细节刻画

（12）根据角色身体造型的特点，延续腰部的结构造型对腹部的模型结构进行细节的刻画，在调整腹部结构时注意根据女性身体结构的特点调整腰部正面及侧面的模型结构，把握好腹部与腰部之间结构造型的变化，如图6-31所示。

图6-31　腹部模型结构细节刻画

（13）继续对人体臀部的结构进行模型结构的细节刻画，注意在表现女性人体臀部的结构要结合腹部及腰部的结构整体进行调整，特别要处理好背面臀部与大腿根部模型转折部分结构线段合理布局。从前视图及侧视图对女性臀部的模型进行整体的调整，如图6-32所示。

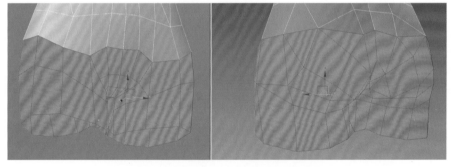

图6-32　臀部模型结构细节刻画

（14）在完成身体部分模型结构之后，继续对摄魂者颈部的模型结构进行刻画。进入 ◁ （边层级）模式，选择颈部的边，在 ✎ 修改下拉菜单中选择Extrude（挤压）命令。沿着颈部的结构挤压出颈部装备结构的大体结构，从透视图的各个角度进行模型线段的位置调整，如图6-33所示。再次执行Extrude（挤压）命令往上挤压颈部的模型结构，多次挤压线段一直延伸到与头部衔接部分的结构造型，注意断口位置结构线的合理匹配，如图6-34所示。

图6-33　颈部装备模型结构挤压效果

255

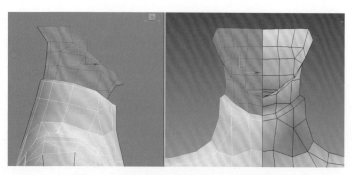

图6-34 颈部断口结构细节调整制作

（15）接下来制作手臂部分的模型结构。选择肩部的线段，执行Extrude（挤压）命令，挤压上臂中段的模型结构，调整挤压线段的位置，并运用 ▣（选择并缩放）命令对挤压出的线段进行缩放，得到明确上臂形体结构模型，如图6-35所示。再次执行线段挤压命令，继续挤压出上臂部分的模型结构，并对线段进行缩放及位置合理的调整，如图6-36所示。

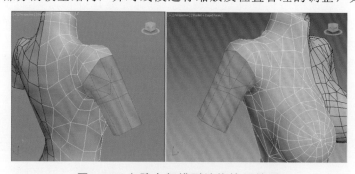

图6-35 上臂中部模型结构挤压效果

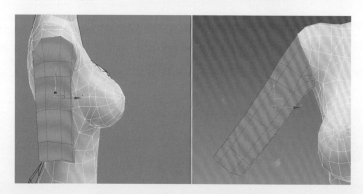

图6-36 手臂关节部位模型挤压

（16）结合女性手臂整体造型的特点，根据前面制作的思路继续完成上臂与前臂关节部分的模型结构，继续选择挤压的边，根据关节的造型及布线要求进行细节的调整。逐步完成前臂的模型结构，在挤压前臂中部结构的时候，结合 ▣（选择并缩放）命令进行缩放，如图6-37所示。继续挤压前臂部分的结构线段，拉伸线段制作前臂前段位置并对线段进行缩放，调整到合适的大小，如图6-38所示。

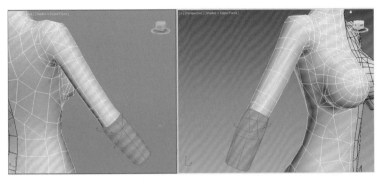

图6-37　前臂关节模型结构调整效果

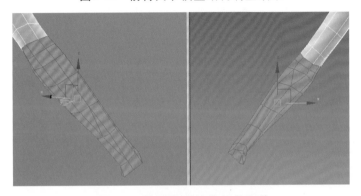

图6-38　前臂模型结构细节制作

（17）在完成手臂模型的结构细节制作后，接下来继续对手部的模型结构进行细节的制作，运用多边形编辑技巧对手掌部分模型进行线段的挤压，并运用移动、缩放工具对点线面进行细节的调整，如图6-39所示。

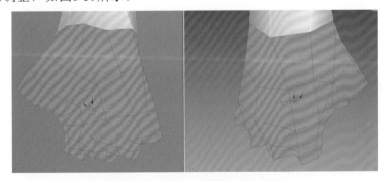

图6-39　手掌模型结构制作效果

（18）根据手掌造型特点，进入手指局部模型的制作，因我们制作的规范要求是次世代要求的模型，在制作手部结构时要尽量简洁概括，注意手指关节部分布线结构的变化。结合手掌整体造型完成五指模型结构的细节制作。在制作编辑模型结构时，注意结合其他四指的整体关节及长度的变化进行合理的调整，处理好与手掌衔接部分的结构造型变化，如图6-40所示。

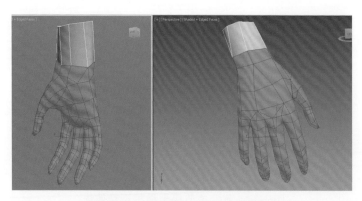

图6-40　手指模型细节结构制作

（19）接下来继续完成下半身模型的制作，主要包括腿部、膝关节、脚部三个比较关键的部分，也是女性身高体型制作的关键。选择臀部接口处线段，进入 ◢（边层级）模式，选择臀部的边，在 ◪ 修改下拉菜单中选择Extrude（挤压）命令。沿着臀部的结构挤压出大腿的形体结构，从透视图的各个角度进行模型线段的调整，如图6-41所示。再次执行腿部结构线段拉伸调整，延伸到膝盖部分的模型结构造型，注意处理好与腿部模型结构的衔接关系。根据女性大腿的结构造型对膝盖外侧及内侧的结构进行细节模型的刻画，如图6-42所示。

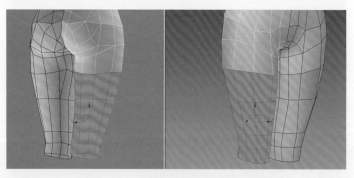

图6-41　大腿腿部模型结构制作

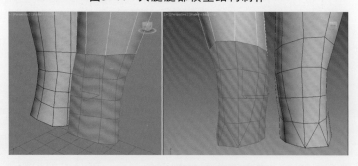

图6-42　大腿膝盖模型结构制作

（20）继续对小腿部分的模型结构进行进一步的细化，对挤压出的腿部线段结合 ◪（选择并缩放）命令根据女性腿部造型的特点进行整体结构调整。运用多边形编辑技巧反复调整大腿的结构，注意模型布线的合理性，如图6-43所示。

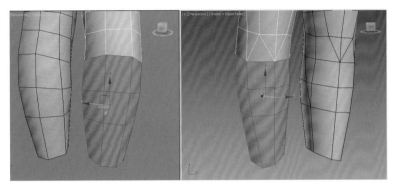

图6-43 大腿整体模型结构调整

（21）接下来制作小腿部分模型的结构造型，在制作小腿模型结构时要注意背面小腿肚布线的变化，与大腿、膝关节整体模型结构布线进行调整，把握好女性小腿模型结构的特点，如图6-44所示。

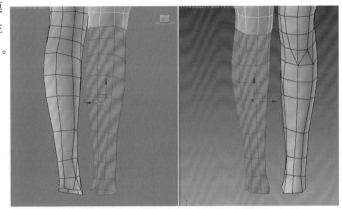

图6-44 小腿模型结构细节调整效果

（22）在完成小腿模型后，继续完成人体脚部的模型结构造型，脚部主要有踝关节及脚趾关节两个比较重要的组成部分，女性脚部结构的表现也是后续制作动画比较关键的环节，对模型的布线要求要规范合理，尽量以大结构造型为主，如图6-45所示。

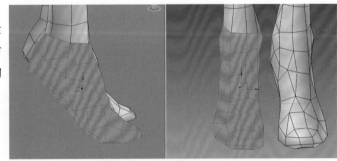

图6-45 脚部模型细节制作

（23）在制作完成摄魂者整体模型结构制作后，结合次世代模型制作的规范需求对胸部、腰部、臀部及四肢的模型结构进行细节的刻画制作，给模型添加MeshSmooth(细分)命令，检查模型结构布线的合理性及形体结构的准确性。特别是关节部位结构线的合理布局，如图6-46所示。

第 **6** 章 终极**Boss**——摄魂者角色制作

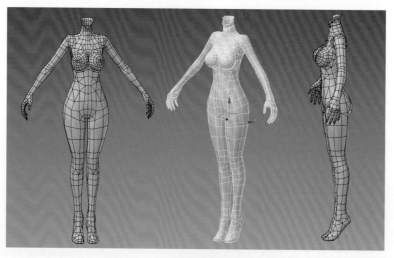

图6-46　人体模型整体细分效果

6.3.3　摄魂者头部眼球、口腔模型制作

（1）进入 ◪（修改）面板，在前视图中眼睛部位创建球体，对球体的大小、分段数及坐标位置参数进行设置，如图6-47所示。结合多边形点线面的编辑技巧对眼球进行结构造型的编辑，删除眼球后半部分的面，移动眼球到合适的位置，注意结合眼眶的比例结构进行眼球基础形体结构的细节调整，如图6-48所示。

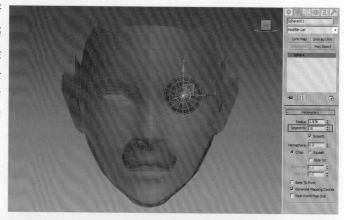

图6-47　眼球基础参数设置

图6-48　眼球模型大体制作

（2）进入 ▣（面）层级模式，根据眼眶结构对眼球位置进行一定角度的旋转，同时对眼球的坐标轴移动到中心，以中心坐标为轴心进行复制，得到右侧眼球的模型，如图6-49所示。

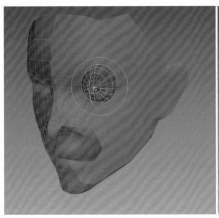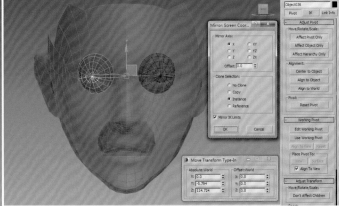

图6-49　眼球模型复制制作

（3）结合精灵摄魂者的头部整体造型设计特点，继续对眼球前面的睫毛模型结构进行细节的刻画。注意上下睫毛的结构布线要结合上下眼睑的结构点进行合理的匹配。特别是对上下睫毛长度及位置进行合理匹配，同时对角度及方向的调整，如图6-50所示。

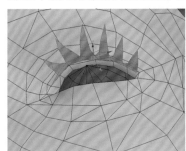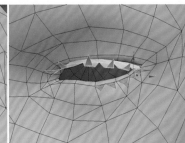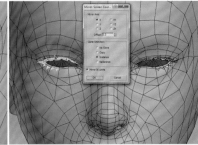

图6-50　睫毛模型结构调整效果

（4）继续对嘴部口腔及牙齿的模型结构进行准确定位。注意在制作模型时要结合口腔的结构造型对上下牙齿的结构布线进行合理的匹配。特别是牙齿前端及后端部分模型结构的造型变化，如图6-51所示。

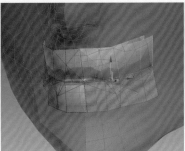

图6-51　牙齿模型结构大体制作

三维角色设计与制作

6.3.4　身体装备模型制作

（1）进入 ▧（修改）面板，在前视图中头部位置创建锥体作为发饰模型基础形体，对锥体的基础参数进行设置，同时结合前面制作多边形制作技巧对锥体进行模型编辑，转换锥体为可编辑的多边形并进行面的删除及镜像复制，注意结合头部的比例结构进行发饰形体结构的细节调整，如图6-52所示。进入 ▦（点层级）模式，进入软选择模式对头饰基础的模型结构进行大体的编辑，如图6-53所示。

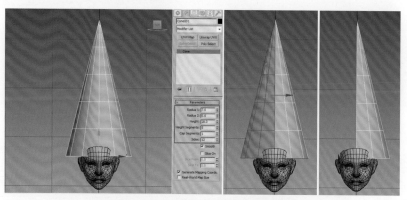

图6-52　头饰锥体模型基础设置

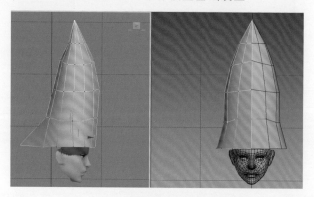

图6-53　头饰模型大体结构制作

（2）进入 ▦（点层级）模式，结合 ▦（选择并移动）命令对头饰装备侧面及背面的模型结构进行细节刻画。处理好与头部衔接部分的结构造型进行合理的匹配，如图6-54所示。

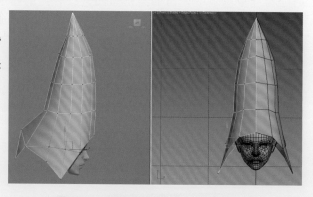

图6-54　发饰装备模型大体调整制作

262

（3）运用剪切工具给发饰装备添加线段进行细节刻画，结合移动工具对头饰顶部模型结构进行点线面的调整，逐步制作出发饰装备细节的结构造型，如图6-55所示。运用多边形的编辑技巧继续对头饰装备中部的模型结构进行细节的刻画，从前视图及侧视图进行整体模型结构的调整，如图6-56所示。

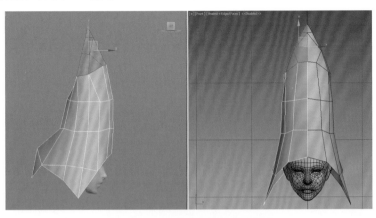

图6-55　头饰顶部模型细节制作

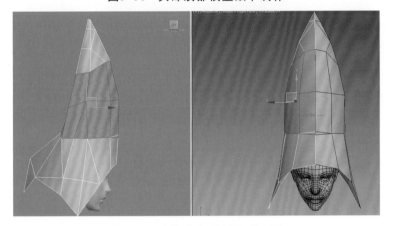

图6-56　头饰中部模型细节制作

（4）结合摄魂者头饰整体造型设计特点，继续对头饰装备前端下面的模型结构进行细节的刻画。进入 ■（面层级）模式，调整发饰装备模型结构与头部模型结构进行合理匹配，如图6-57所示。再次对长发的模型结构及分段数进行调整，注意对拉伸出的长发从不同的视图进行角度及方向的调整，如图6-58所示。

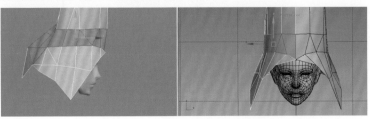

图6-57　发饰模型结构大体制作

图6-58　发饰底部模型细节刻画

（5）再次对头饰侧面及背面的模型结构进行精确的定位。在头发饰物的造型设计上要结合摄魂者造型设计的特点进行模型的制作。注意头饰侧面与头部模型的结构合理匹配，如图6-59所示。在制作模型时要根据发饰的结构对后面的模型进行分层制作。从不同的视图调整模型点线面及布线结构的变化，如图6-60所示。

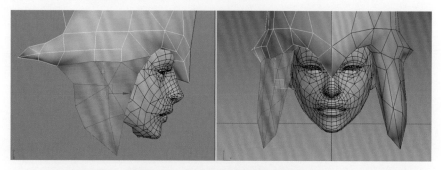

图6-59　发饰装备侧面模型制作

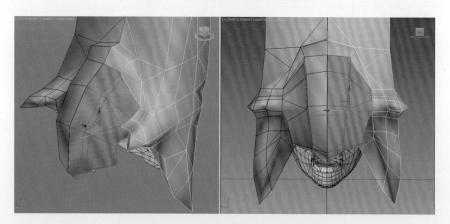

图6-60　头饰后端及整体模型调整效果

（6）接下来对摄魂者头发装备的模型结合头部及头饰装备的整体结构造型变化进行模型细节的刻画，逐步完成头发后面的模型结构进行制作，注意与头部模型结构的整体匹配，如图6-61所示。结合摄魂者头发设计特点对后面头发的整体模型结构从正面、背面进行点线面的编辑，注意发丝结构与头部及发饰结构线尽量保持一致，如图6-62所示。

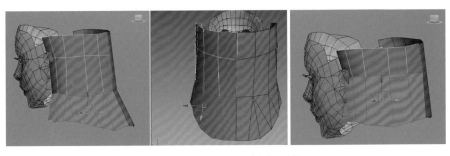

图6-61　头发大体结构制作

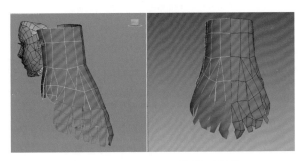

图6-62　头发发丝细节模型制作

（7）继续对头发侧面鬓角长发的模型结构进行细节的刻画。进入■（面层级）模式，复制头发左侧的面作为长发的基础结构，逐步拉伸制作长发结构到合适的位置，对发丝结构进行形体结构的刻画，如图6-63所示。再次对长发的右侧模型结构及分段数进行调整，注意对拉伸出的长发从不同的视图进行角度及方向的调整，如图6-64所示。

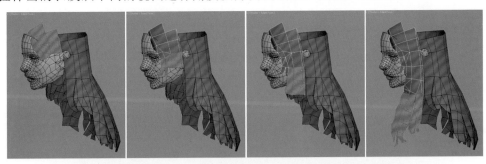

图6-63　左侧长发模型拉伸制作效果

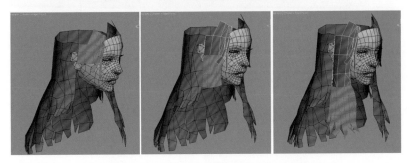

图6-64　右侧长发模型制作细节调整

第6章　终极Boss——摄魂者角色制作

（8）显示前面制作的头饰装备的模型，与上面制作的头发模型结合在一起整体进行模型结构的统一调整，特别是与头部衔接部分的模型结构布线要统一协调，如图6-65所示。

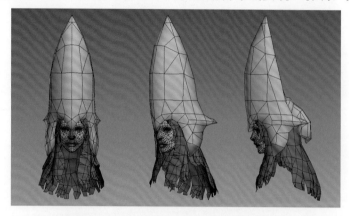

图6-65　头发及头饰整体模型调整效果

（9）继续对头饰金属环模型的结构跟进摄魂者设计定位，结合多边形模型制作的技巧逐步完成金属环各个部分模型的细节刻画，注意在拉伸制作后面金属环的时候运用旋转工具调整角度的变化，保持结构线段的整体统一，如图6-66所示。对制作调整好的金属环进行镜像复制，结合头饰装备及头部模型进行模型结构位置的整体匹配，如图6-67所示。

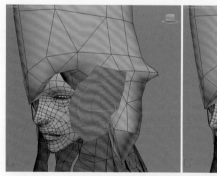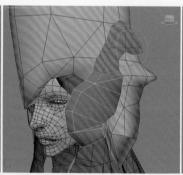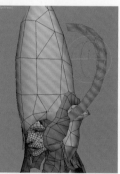

图6-66　金属环模型结构细节刻画效果

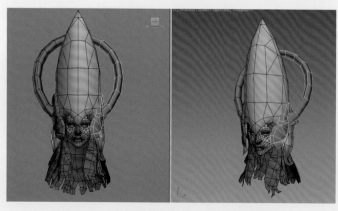

图6-67　金属环整体模型结构调整效果

（10）根据摄魂者的结构造型定位再次对颈部后面围脖模型的结构进行细节的刻画。首先在脖子侧面创建平面模型，运用多边形编辑技巧对平面模型进行编辑，制作成扇形的大体造型，拉伸编辑调整出围脖的整体模型，如图6-68所示。对围脖模型结构执行挤压命令，挤出一定的厚度，同时复制扇形围脖的模型并移动到合适的位置，与挤压的厚度模型进行点线面的合理匹配，如图6-69所示。

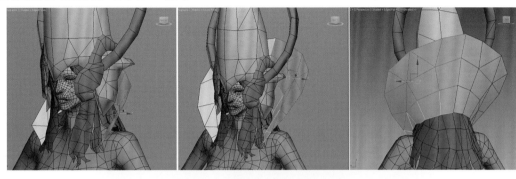

图6-68　颈部围脖模型大体制作

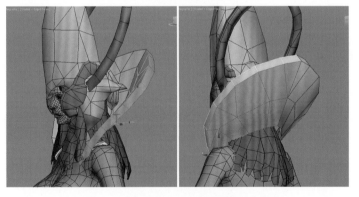

图6-69　围脖模型整体结构制作调整

（11）继续对披肩模型的结构进行形体结构的准确定位，在肩部位置新建平面模型，进入■（面层级）模式，运用多边形编辑技巧进行点线面的编辑，制作披肩大体的模型结构，同时与围脖的模型进行位置的整体匹配，如图6-70所示。根据披肩模型的结构定位，对正面及侧面的模型结构线进行整体造型的细节刻画，结合肩部及颈部的结构反复调整披肩点线面结构的变化，如图6-71所示。

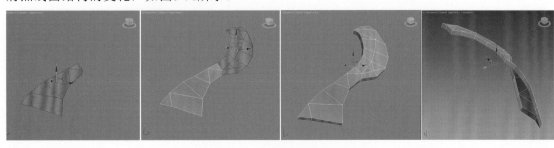

图6-70　披肩大体结构定位

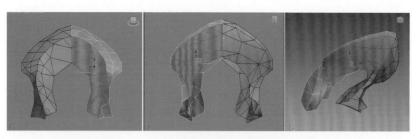

图6-71   披肩正面及侧面结构细节刻画

（12）根据披肩装备模型的造型设计定位，继续对披肩内部结构的模型进行细节的刻画，结合围脖、颈部的结构进行细节的刻画，如图6-72所示。结合披肩背面的模型造型设计定位及多边形编辑技巧继续对披肩背面背部模型细节进行局部深入刻画，如图6-73所示。

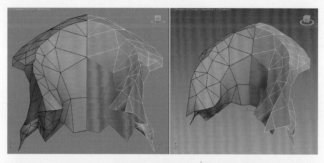

图6-72   披肩内部模型结构细节制作

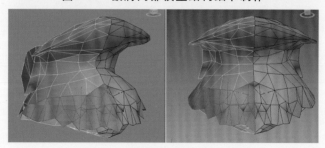

图6-73   披肩背部模型细节刻画

（13）对披肩底部圆形凸起进行细节的刻画，注意结合内侧模型的结构进行细节的刻画，特别是与披肩内侧衔接部分的模型结构线进行统一调整，如图6-74所示。

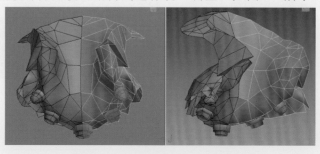

图6-74   披肩底部凸起细节刻画

（14）结合披肩内侧及外侧模型的整体结构变化，对披肩底部尖刺部分的模型结构线进行整体细节的刻画，注意各个不同尖刺长短及方向的变化，以及在刻画的时候对模型的细节制作尽量按照次世代的制作标准进行结构的制作，如图6-75所示。

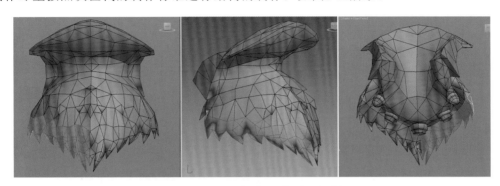

图6-75　披肩底部尖刺模型细节刻画

（15）对披肩顶部圆形凸起进行细节的刻画，注意结合外边模型的结构进行细节的刻画，以及对各个凸起模型细节模型结构的整体细节刻画，处理好与披肩外边衔接部分的模型结构线进行整体调整，如图6-76所示。

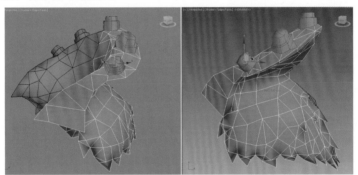

图6-76　披肩外部凸起模型结构细节刻画

（16）继续对背部披肩模型的结构结合围脖的模型结构造型逐步进行细节的刻画，按照围脖模型制作的思路，运用多边形编辑技巧结合拉伸制作出背部披肩的造型，注意与身体背部及围脖模型之间的模型进行统一调整，如图6-77所示。

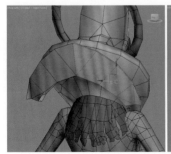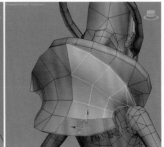

图6-77　背部披肩模型细节制作

第 **6** 章　**终极Boss——摄魂者角色制作**

（17）结合披肩侧面模型制作思路，继续对背部披肩皮毛部分的模型结构进行细节的刻画，特别是皮毛外侧模型结构的合理布线，运用多边形编辑技巧从不同的视图反复调整尖刺部分的结构，注意内侧及外侧模型布线结构的细节调整，如图6-78所示。

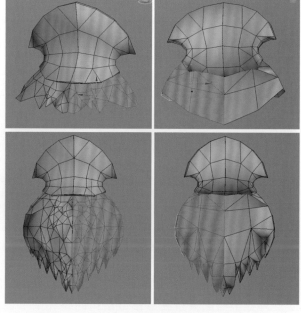

图6-78　背部披肩整体模型细节刻画效果

（18）结合摄魂者腰部模型的结构定位，运用多边形制作模型的编辑技巧对腰带模型的结构进行细节的调整，从正面及背面对腰带的整体模型结构进行大体的调整，如图6-79所示。结合腰带造型设计的定位对腰带模型的附属装备进行整体的制作，注意与腰带主体模型衔接部分模型结构线的合理调整，如图6-80所示。

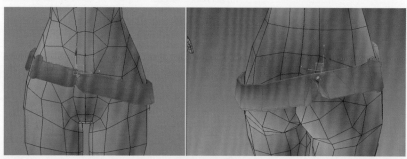

图6-79　腰带主体模型结构制作

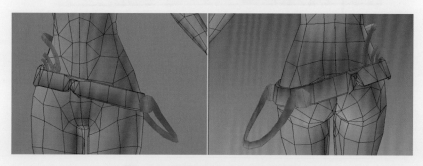

图6-80　腰带服饰装备细节刻画

（19）接下来制作腰带侧面护盾的模型结构造型，护盾的模型结构主要由两层模型的结构组合而成，在角色设计中对保护腰部有良好的防护功能，在拉伸制作护盾模型时注意与腰带整体模型的结构进行统一调整，如图6-81所示。

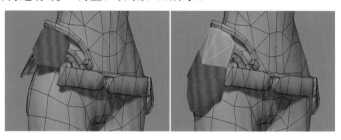

图6-81　护盾大体模型结构制作

（20）运用多边形的编辑技巧继续对护盾外部模型的结构造型进行细节的刻画，外部护盾模型在设计上是依附在内侧护盾模型上面，有比较特殊的造型结构变化，我们在深入刻画模型细节时要多注意外部护盾抓手与内部护盾的衔接模型结构统一，如图6-82所示。

图6-82　外部护盾模型细节刻画效果

（21）在完成腰带部分模型的细节刻画后，继续对摄魂者武器——摄魂剑的模型结构进行整体的制作，摄魂剑是摄魂者的专属武器，在制作摄魂剑剑柄部分的结构造型时要根据模型的设计需求从正面及侧面进行细节的刻画，如图6-83所示。

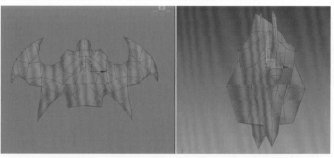

图6-83　摄魂剑剑柄模型细节刻画效果

（22）在制作完成剑柄模型后，继续对握手及剑托的模型结构进行细节的刻画，从前视图及侧面图对模型的结构进行整体模型的刻画制作，注意适当调整剑托与剑柄的模型比例关系，如图6-84所示。

第6章　终极Boss——摄魂者角色制作

271

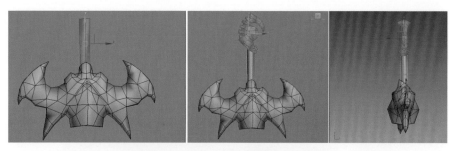

图6-84　剑托、剑柄模型细节刻画

（23）再次对剑身的模型结构根据摄魂剑整体的设计进行结构造型的细节刻画。运用拉伸制作逐步完成剑身各个节点位置的线段分配，注意从前视图及侧视图整体调整剑身模型长度及宽度的结构造型，如图6-85所示。

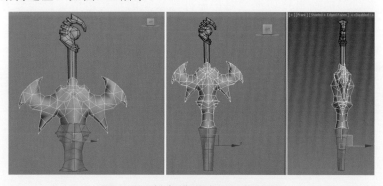

图6-85　剑身模型结构细节刻画

（24）继续对摄魂剑剑尖的模型结构进行细节的刻画，剑尖末端有比较特殊的结构造型，材质结构上也有比较明确的定位，注意与剑身及剑柄的整体模型结构统一协调。同时结合摄魂者角色的模型进行整体比例大小及位置的调整，如图6-86所示。

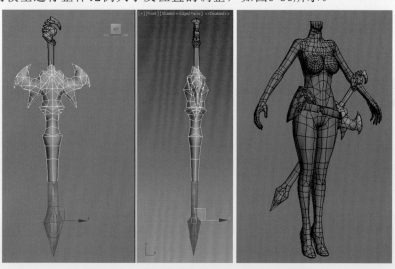

图6-86　摄魂剑整体模型及身体匹配效果

（25）接下来继续对摄魂幡模型的结构造型进行细节的刻画，摄魂幡由8根阵列组合而成，依附在身体左右两侧，在施放技能的时候摄魂幡能组合在一起释放巨大的技能，此部分我们制作其中一个幡子，再根据整体造型的设计进行复制调整。首先运用多边形编辑技巧为摄魂幡的连接体制作悬挂部分模型的细节，如图6-87所示。

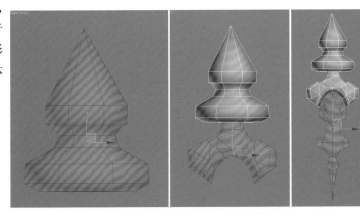

图6-87　摄魂幡连接体模型细节刻画

（26）继续完成摄魂幡中部模型结构的细节刻画，注意在制作中部模型的时候幡体模型分段数分布及幡体整体长宽高的比例关系变化，如图6-88所示。

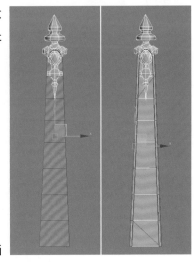

图6-88　幡体模型细节刻画

（27）根据摄魂幡整体模型设计的定位，对幡体底端的模型结构进行细节的刻画，运用多边形模型编辑的技巧对各个构成部分模型进行细节刻画。注意在刻画细节的时候要结合摄魂幡前端连接体的模型在比例结构上统一调整，如图6-89及图6-90所示。

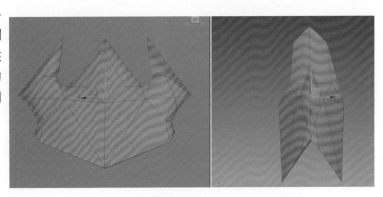

图6-89　幡体底端模型大体结构制作

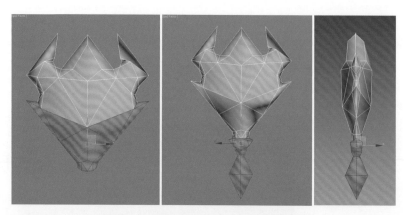

图6-90　幡体底端模型细节刻画效果

（28）在完成摄魂幡单体模型整体的制作后，结合摄魂者整体模型设计需求，对摄魂幡单体模型按照一定的角度进行阵列复制，结合身体的结构定位进行合理的位置调整，如图6-91所示。

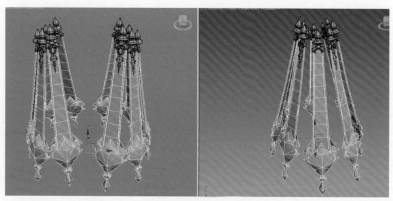

图6-91　摄魂幡阵列复制模型整体效果

（29）接下来继续完成摄魂圈模型结构的制作，摄魂圈是围绕在摄魂者肩部周围具有特殊技能的高级法器，整体模型的制作按照从局部到整体的方式逐步完成摄魂圈各个部分的模型造型变化，运用多边形编辑技巧制作摄魂圈大体的模型结构，如图6-92所示。再次对摄魂圈中部及外部附加形体模型的结构进行细节的刻画，注意在制作时对各个分解体模型根据不同制作技巧进行反复调整，如图6-93所示。

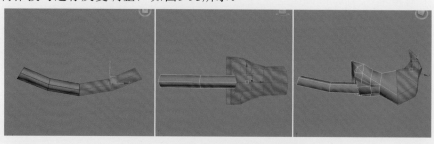

图6-92　摄魂圈大体模型结构制作

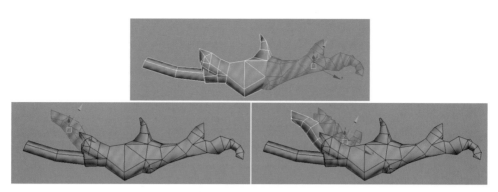

图6-93　摄魂圈模型细节的制作

（30）对制作完成摄魂圈根据设计要求进行镜像复制，并从不同的视角对模型的正面及侧面的模型结构进行整体的调整，得到完整的摄魂圈模型结构造型，如图6-94所示。

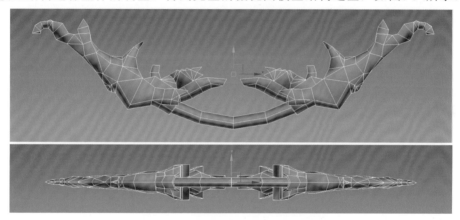

图6-94　摄魂圈整体模型结构制作

（31）合并摄魂圈单体模型，激活旋转工具对摄魂圈整体模型按照一定的角度进行旋转复制，复制的角度设置及复制的数量设置，得到编辑完整的噬魂圈整体模型结构造型，如图6-95所示。

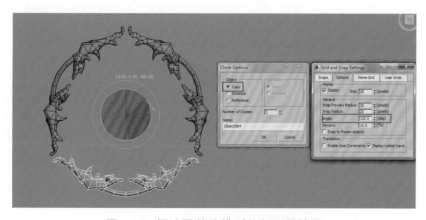

图6-95　摄魂圈整体模型复制调整效果

（32）最后对摄魂者的整体模型进行结构的调整，特别是对身体与装备的模型结构线进行细致的刻画，对镜像复制的模型进行点线面的合并及模型法线进行统一，按照三维角色的制作规范流程进行整体模型的模块细节调整，如图6-96所示。

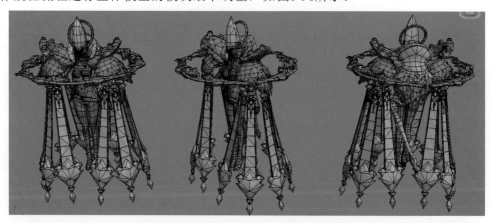

图6-96　摄魂者整体模型调整效果

6.4　摄魂者UVW的展开及编辑

在完成摄魂者模型的模型细节制作之后，接下来开始按照三维角色的制作流程，对摄魂者换装各个模块部分的模型结构，进行UV的指定及编辑。在对摄魂者UV进行编辑时，我们根据建模的整体思路逐步分解进行。

6.4.1　头部模型的UVW展开

（1）激活头部的模型，给头部模型指定Planar（平面）坐标，对指定的坐标进行参数的设置，对头部的UVW根据模型结构进行展开。打开 材质编辑器，给轮子指定一个材质球，同时指定一个棋盘格作为基础材质，点击轮盘棋盘格纹理赋予摄魂者并对棋盘格菜单栏中的基础参数设置。主要是便于观察UV的分布是否合理，如图6-97所示。

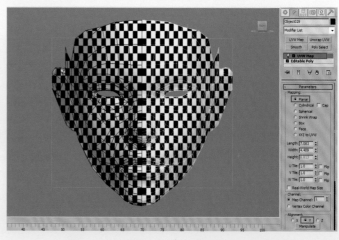

图6-97　头部Planar（平面）坐标展开

（2）进入 ◢（修改）面板进入 ■（面层级）模式，选择头部侧面的面，打开修改器列表，执行修改器中的"UVW Map"命令，然后进入"UVW Map"的"面"层级，对脸部指定Planar（平面）坐标模式及进行轴向调整，如图6-98所示。

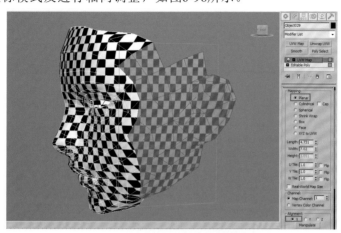

图6-98　侧脸UVW坐标展开及指定

（3）在UVW编辑窗口分别选择脸部正面、侧面及后脑勺的UVW进行分解，注意在分解头部模型UVW的时候要结合头部模型布线的结构进行合理分割。运用UVW编辑技巧对脸部正面及侧面的UV坐标进行展开，然后调整侧面棋盘格大小，尽量和正面的棋盘格大小适度匹配。尽量排满整个UVW象限空间，如图6-99所示。

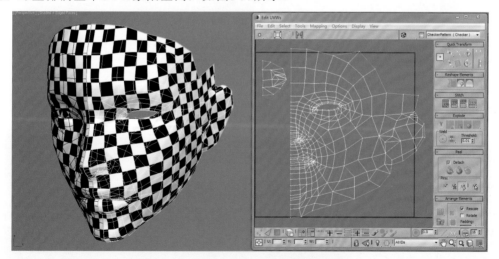

图6-99　头部Unrap UVW整体调整效果

（4）结合模型制作的整体思路，接下来对头饰的整体模型进行UVW坐标的展开及编辑。选择头饰的模型指定Planar（平面）坐标模式，结合 ◔（选择并旋转）命令进行角度的调整，如图6-100所示。再次选择后面头饰的模型按照同样的思路进行坐标的指定及编辑调整，在UVW窗口进行合理的排列，如图6-101所示。

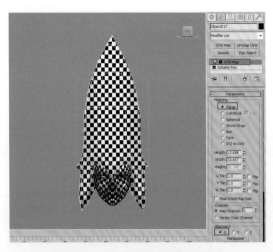

图6-100　头饰模型UVW展开效果

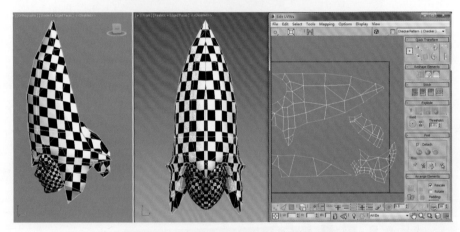

图6-101　头饰UVW坐标展开及排列效果

（5）结合模型的制作思路继续对头饰金属环模型各个部分的UVW进行展开，运用UVW编辑技巧对头饰金属环的UVW在编辑窗口按照规范制作进行合理的排列，尽量排满整个UVW象限空间，如图6-102所示。

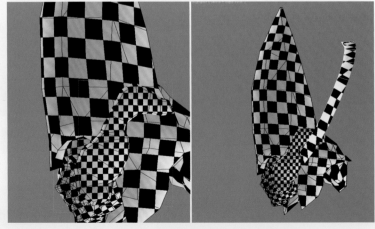

图6-102　头饰金属环整体UVW排列效果

（6）分别选择头发背面及侧面的头发模型，根据模型的形体结构指定不同的UVW坐标，根据背面及侧面头发造型变化运用UVW的编辑工具及编辑技巧进行整体的编辑及排列，合理排列在编辑窗口并处理好接缝位置，如图6-103所示。

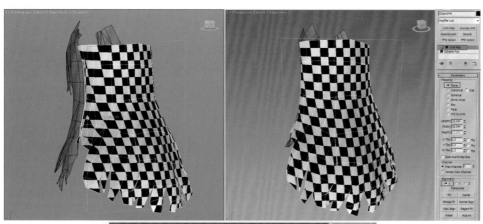

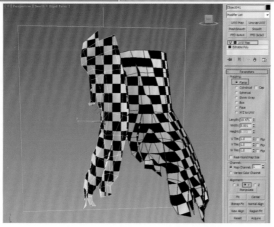

图6-103　背面及侧面头发UVW坐标展开设置

（7）进入UVW编辑窗口，对后面及侧面模型的UVW运用编辑技巧进行合理的排列，注意把接缝合理的排列到侧面位置，结合棋盘格纹理显示进行UV细节的调整，如图6-104所示。

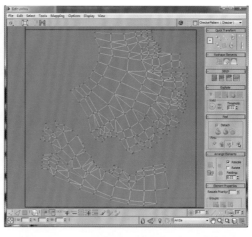

图6-104　头发整体UVW编辑及排列效果

第6章　终极Boss——摄魂者角色制作

6.4.2 身体装备UVW展开及编辑

（1）接下来分别对披肩围脖模型的UVW进行展开及指定，根据围脖模型结构特点指定Planar（平面）坐标，对坐标的方向及轴向进行设置，棋盘格分配尽量合理些，如图6-105所示。

图6-105　围脖UVW展开及编辑

（2）继续对后面披肩装备模型的UVW进行展开及指定，给披肩装备指定Planar（平面）坐标，根据模型的位置对坐标的方向及轴向进行设置，并对指定的棋盘格纹理进行自动匹配，如图6-106所示。再次对侧面披肩模型进行UVW的展开，选择披肩外侧及内侧的模型面分别指定不同的UVW坐标，结合UVW编辑技巧进行UV结构的调整，如图6-107所示。

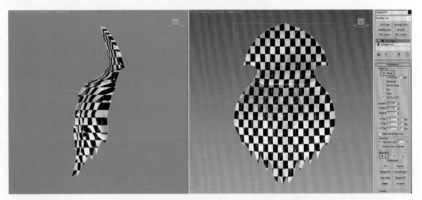

图6-106　后背披肩模型UVW展开设置

图6-107　披肩右侧模型整体UVW展开设置

（3）接下来给胸部模型的UVW坐标按照前面的思路进行细节的编辑，注意此部分我们结合胸部模型制作思路，对胸部模型指定Planar（平面）坐标模式并运用旋转工具进行轴向的调整，如图6-108所示。结合人体模型UVW的编辑流程及技巧，给手臂模型指定Cylindrical（圆柱）坐标，并运用 （选择并旋转）命令进行角度的旋转，使得坐标尽量与模型结构进行适配，同时结合棋盘格纹理检测UVW分配是否合理，如图6-109所示。

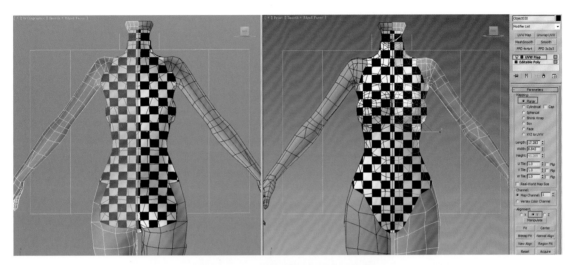

图6-108　胸部坐标指定及设置

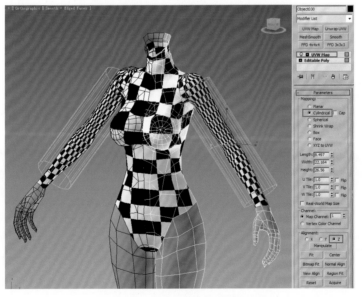

图6-109　手臂UVW坐标展开设置

（4）按照前面人体身体UVW编辑坐标的技巧及流程，根据模型的结构对腿部UVW进行指定Cylindrical（圆柱）坐标，注意对腿部UVW大小和位置进行合理的编辑及排列。结合棋盘格纹理UV分布的合理性，如图6-110所示。

第6章　终极Boss——摄魂者角色制作

281

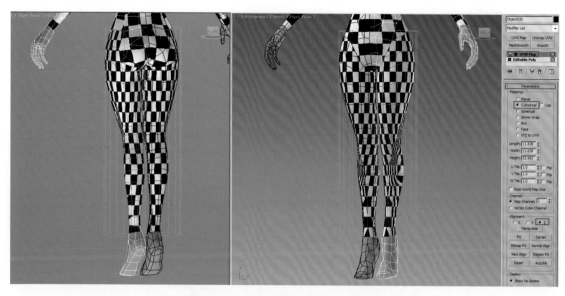

图6-110　腿部UVW坐标展开及设置

（5）接下来给手部及脚部模型的UVW坐标按照前面的思路进行UVW的指定及展开，选择手部的模型，对模型指定Planar（平面）坐标模式并运用旋转工具进行轴向的调整，如图6-111所示。同样的制作思路，给脚部模型指定Planar（平面）坐标，并运用（选择并旋转）命令进行角度的旋转，使得坐标尽量与模型结构进行适配，同时结合棋盘格纹理检测UVW分配是否合理，如图6-112所示。

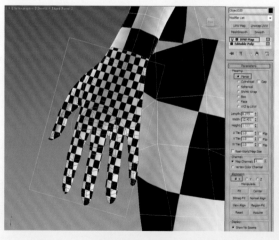

图6-111　手部模型UVW指定及设置

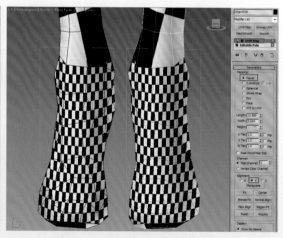

图6-112　脚部整体UVW坐标指定及设置

（6）根据摄魂者腰带模型。给腰带模型指定Cylindrical（圆柱）坐标，再执行（选择并旋转）命令，选择坐标轴到一定的角度，尽量与腰带模型方向保持一致，如图6-113所示。再次选择腰带护盾的模型，脚部模型指定Planar（平面）坐标，根据模型的方向进行角度的旋转，尽量匹配模型的结构方向角度，使UV最大限度的不拉伸，如图6-114所示。

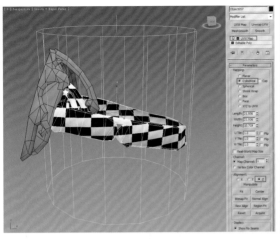

图6-113　腰带模型的UVW坐标展开及设置

图6-114　护盾UVW坐标展开及设置

（7）接下来给摄魂剑模型的UVW坐标按照前面的思路进行坐标展开，注意此部分我们结合摄魂剑的模型结构指定Planar（平面）坐标，并进行坐标轴向的旋转及适配，如图6-115所示。根据摄魂剑UVW的编辑流程及技巧，对摄魂剑正面及背面的UVW进行分离，同时结合手动调整对摄魂剑侧面的UVW进行合理的排列，如图6-116所示。

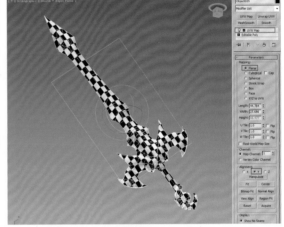

图6-115　摄魂剑UVW坐标指定及设置

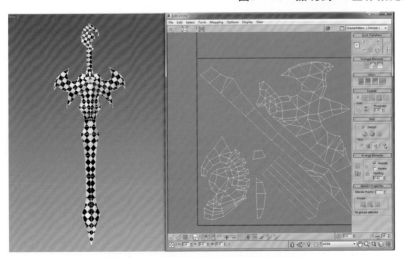

图6-116　摄魂者剑UVW编辑排列效果

（8）接下来给摄魂幡连接体模型进行UVW坐标指定，按照前面的思路进行坐标展开，注意此部分我们结合摄魂幡连接体模型结构给指定Planar（平面）坐标，并进行坐标轴向的旋转及适配，如图6-117所示。结合摄魂幡连接体UVW的编辑技巧，对摄魂幡中部模型的UVW进行坐标指定，并结合棋盘格纹理对幡体模型进行合理的排列，如图6-118所示。

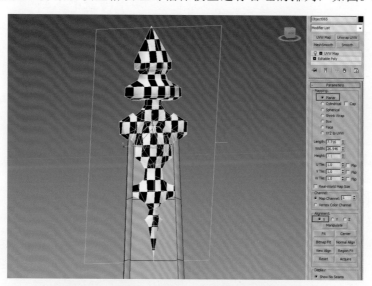

图6-117　摄魂幡连接体UVW坐标指定及展开

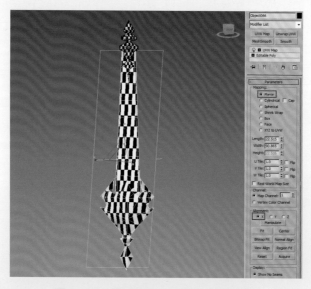

图6-118　摄魂幡UVW坐标指定及调整

（9）结合前面制作UVW的展开及编辑规范，对摄魂圈的UVW进行坐标展开及编辑，注意根据摄魂圈模型的结构指定Planar（平面）坐标，如图6-119所示。运用摄魂圈UVW的编辑技巧，对正面及背面的UVW进行分离，同时结合手动调整对摄魂圈侧面的UVW进行合理的排列，并结合棋盘格纹理对幡体模型进行合理的排列，如图6-120所示。

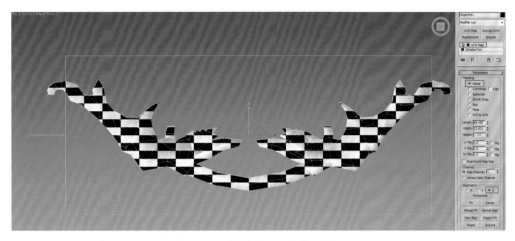

图6-119　摄魂圈UVW指定及设置

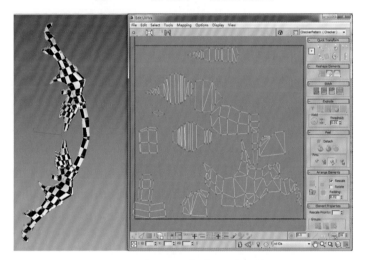

图6-120　摄魂圈模型UVW编辑效果

（10）对摄魂者模型的UVW进行整体编辑，注意对摄魂者头部、身体及装备背面及正面的UVW进行细节的编辑，特别注意对接缝位置的UV进行衔接的调整。我们在编辑的时候对各个部分UVW进行合理的排列，如图6-121所示。

图6-121　摄魂者整体UVW编辑及排列效果

285

6.5 摄魂者材质绘制

在完成摄魂者模型、UVW的整体制作及编辑之后，接下来进入摄魂者材质的制作流程，制作摄魂者材质流程整体上主要分解为三部分：①摄魂者模型灯光设置；②烘焙纹理贴图；③皮肤及装备材质质感纹理绘制。

6.5.1 摄魂者模型灯光设置

（1）首先进行环境光的设置。其方法是，执行菜单中的Environment and Effects命令（或按键盘上的8键），然后在弹出的Tint对话框中单击Ambient下的颜色按钮，在弹出的"Color Selecter（色彩选择）"对话框中将Tint中的Value调整到110。同上，将Ambient中的Value亮度调整为146，如图6-122所示。

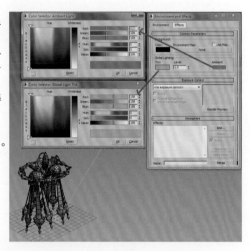

图6-122 环境参数的设置

（2）创建聚光灯。其方法是，单击 （创建）面板下 （灯光）中的单击Target Spot"聚光灯"按钮，然后在顶视图前方创建一盏聚光灯作为主光源，调整双视图显示模式，切换到"透视图"调整聚光灯位置。根据摄魂者材质属性的特点，结合模型结构对灯光的参数进行设置，如图6-123所示。

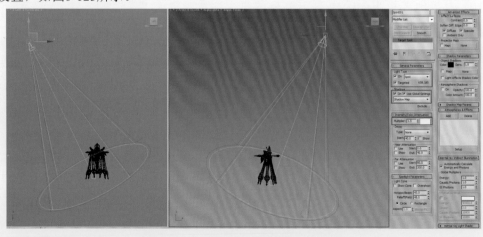

图6-123 环境灯光创建及位置调整

（3）摄魂者模型环境辅光源（环境光、反光）的创建。其方法是，单击 ▦（创建）面板下 ⚐（灯光）中的单击 Skylight"天光灯"按钮，同时对辅光的参数进行适当的调整，如图6-124所示。

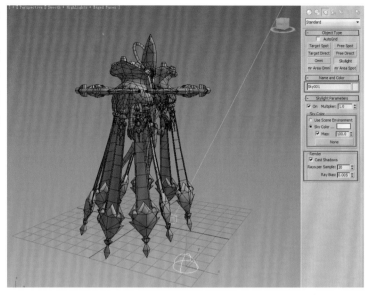

图6-124　调整日光灯基础参数

（4）摄魂者模型背面环境辅光源（环境光、反光）的创建。其方法是，单击 ▦（创建）面板下 ⚐（灯光）中的Omni"泛光灯"按钮，同时对辅光的参数及位置进行适当的调整，如图6-125所示。

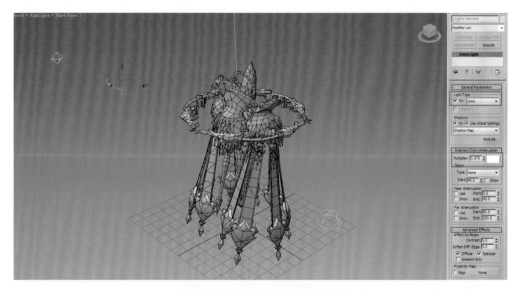

图6-125　背面辅光设置定位

（5）根据摄魂者的结构造型变化及灯光参数设置，细节调整主光及各个辅光、泛光灯参数。按键盘F10进行及时渲染，反复调整灯光的参数，并对渲染的尺寸进行设置，得到明暗色调比较丰富的人体明暗效果。注意复制几个不同角度的摄魂者模型进行整体渲染，如图6-126所示。

287

图6-126　摄魂者灯光渲染效果

6.5.2　摄魂者材质纹理绘制

1. 头部皮肤纹理绘制

（1）激活摄魂者身体模型，进入Unrap UVW编辑窗口，在菜单栏选择Tool（工具）栏，在下拉菜单选择Render UVW栏，在弹出的窗口设置头部UVW输出的尺寸大小，如图6-127所示。

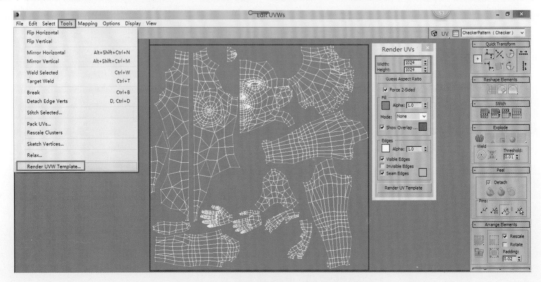

图 6-127　摄魂者身体UVW渲染设置

（2）选择摄魂者装备模型，对整个UVW根据指定规范进行输出，对装备模型的UVW根据制作需求对参数进行设置。选择Render UVW按钮对装备的UVW进行渲染输出，如图6-128所示。

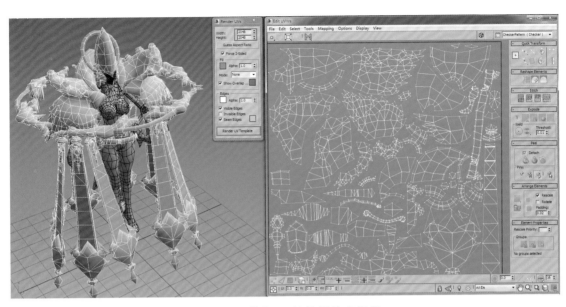

图6-128　装备UVW结构线输出设置

（3）选择摄魂者武器模型，对编辑排列好的UVW根据指定规范进行输出，对输出的UVW根据制作需求对参数进行设置。选择Render UVW按钮对装备的UVW进行渲染输出，如图6-129所示。

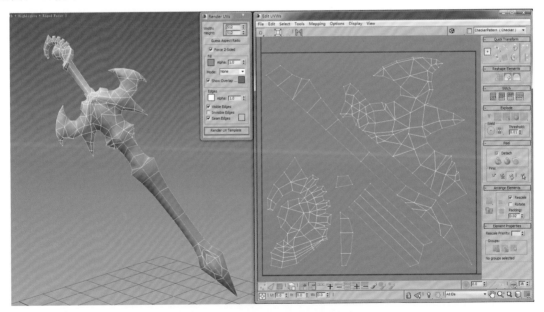

图6-129　武器UVW排列及输出

（4）按键盘快捷键0键，打开"渲染到纹理"菜单栏，对编辑排列好的UVW装备结合灯光进行渲染烘焙，对烘焙渲染的参数进行设置，注意正确设置渲染通道参数。单击下面的Render按钮，在弹出的窗口选择继续，得到烘焙的身体明暗纹理贴图，如图6-130所示。

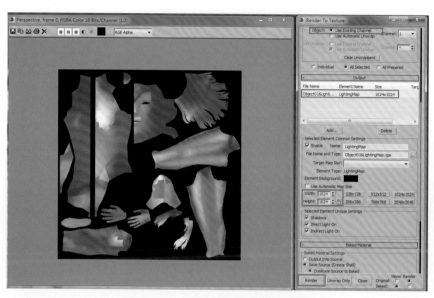

图6-130　身体烘焙渲染输出效果

（5）打开装备模型，按键盘快捷键0键，打开"渲染到纹理"菜单栏，对编辑排列好的UVW装备结合灯光进行渲染烘焙，对渲染菜单基础参数根据装备输出需求进行设置。单击下面的Render按钮，得到渲染输出的装备明暗纹理贴图，如图6-131所示。

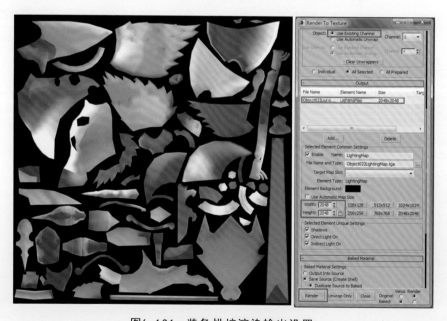

图6-131　装备烘焙渲染输出设置

（6）选择武器模型，按键盘快捷键0键，打开"渲染到纹理"菜单栏，对编辑排列好的UVW武器模型结合灯光进行渲染烘焙，对渲染基础参数根据武器输出需求进行设置。单击下面的Render按钮，得到渲染输出的武器明暗纹理贴图，如图6-132所示。

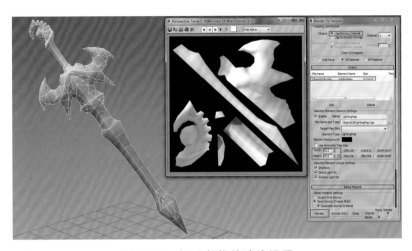

图6-132　摄魂剑烘焙渲染设置

（7）激活Photoshop软件，进入PS的绘制窗口，打开摄魂者头部及身体UV结构线，对身体结构线提取进行提取，并对UV结构线按住键盘上Ctrl+Delete键进行前景色的填充，得到底层和结构线分层PSD文件。同时打开前面烘焙的摄魂者头部、身体整体明暗纹理进行排列，并保存PSD为"身体"文件，如图6-133所示。

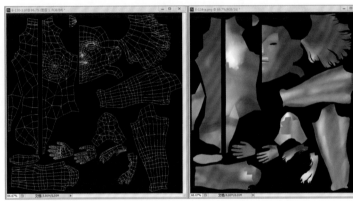

图6-133　身体整体UVW结构线提取及烘焙纹理

（8）拖动烘焙纹理到结构线图层下面，并在烘焙纹理上面新建图层，命名为"颜色"。给身体皮肤指定基础色彩，填充选定的皮肤色彩给"颜色"图层，与前面烘焙出来的头部明暗纹理进行图层的混合。设置皮肤纹理与明暗纹理的图层混合模式为"颜色"模式。得到身体整体的皮肤纹理效果，如图6-134所示。

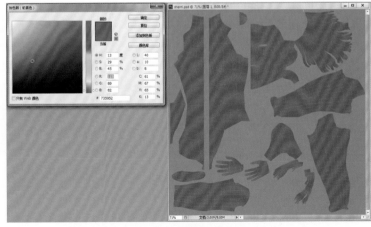

图6-134　身体整体皮肤色彩设置及混合效果

（9）激活画笔工具，单击▥工具按钮，在弹出的窗口中对画笔的各个选项根据绘制纹理的需要进行设置。运用曲线根据调整皮肤的明度值，在绘制身体皮肤的时候及时调整笔刷的大小及不透明度，反复刻画身体皮肤过渡的色彩变化，图6-135如所示。运用PS的色彩绘制技巧，对叠加的皮肤纹理及明暗纹理进行色彩明度、纯度、色彩饱和度细节的调整，特别是身体正面与侧面的色彩变化，同时结合3ds Max的头部模型显示效果进行细节的调整，更好地刻画身体皮肤亮部及暗部的色彩关系，如图6-136所示。

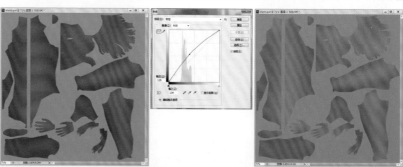

图6-135　身体皮肤纹理大体绘制及调整效果

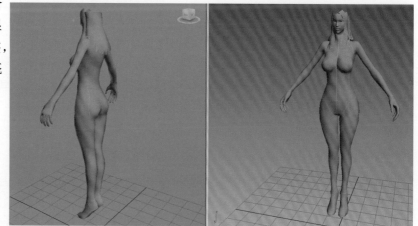

图6-136　身体模型色彩显示效果

（10）结合身体皮肤质感的绘制技巧，对身体的皮肤亮部及暗部的整体色彩冷暖关系结合光源变化进行精细刻画。在刻画的时候注意运用不同的笔刷进行亮部及暗部的虚实关系及层次的变化，如图6-137所示。

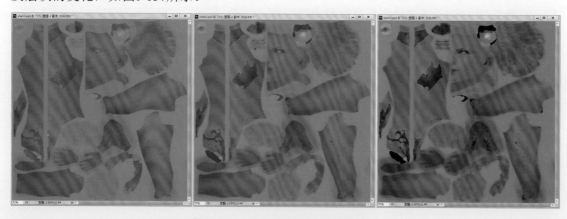

图6-137　身体皮肤精细刻画效果

（11）接下来继续运用Photoshop绘制贴图的绘制技巧对身体皮肤、头发纹理及身体装饰纹理细节进行精细的刻画。我们在细节刻画身体纹理的时候可以从其他部位的亮部及暗部进行吸取色彩，对身体各个部分彩明度、纯度、色彩饱和度等关系进行细节的调整及刻画，把握好身体色彩冷暖变化及明暗效果的细节调整，如图6-138所示。

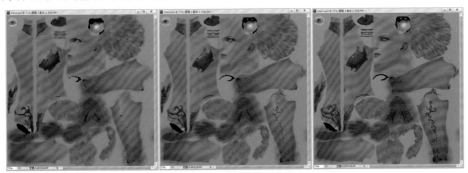

图6-138　身体纹理整体纹理刻画效果

（12）根据身体模型的结构及光影关系结合PS的绘制技巧对头发纹理、脸部、暗部色彩的明度、纯度及色彩饱和度的精细整体刻画。特别是根据头发发丝的结构进行细节的调整，如图6-139所示。

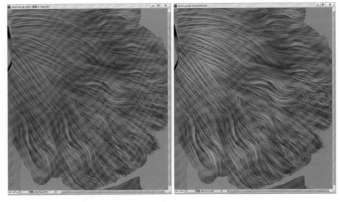

图6-139　头发发饰细节刻画效果

（13）根据头部模型的结构及光影关系结合PS的绘制技巧对头部皮肤纹理脸部、暗部色彩的明度、纯度及色彩饱和度的精细整体刻画。特别是根据头部五官的纹理进行细节的调整。注意头部亮部及暗部色彩明度、纯度及色彩饱和度的变化，如图6-140所示。

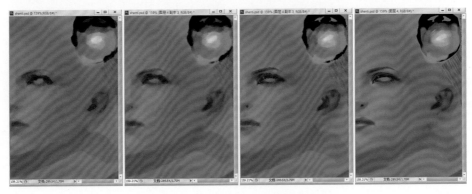

图6-140　头部整体纹理细节刻画

（14）继续对身体皮肤、身体装饰纹理细节进行精细的刻画。在细节刻画身体纹理时可以从头部部位的亮部及暗部吸取色彩，对身体各个部分明度、纯度、色彩饱和度等关系进行细节的调整及刻画，如图6-141所示。

图6-141　身体及装饰纹理材质细节的刻画

（15）在绘制完成头部、头发及身体整体的纹理刻画之后，结合光源变化整体对摄魂者身体亮部及暗部的色彩明度、纯度、色彩饱和度进行细节的刻画。把绘制好纹理指定给身体模型，并及时更新身体模型皮肤纹理显示效果，如图6-142所示。

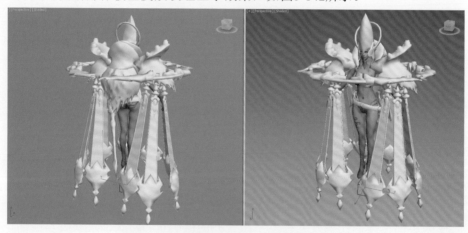

图6-142　摄魂者身体整体纹理显示效果

（16）根据次世代模型材质制作的流程规范，运用Photoshop绘制贴图的技巧制作身体Specula Color（高光）纹理贴图。注意绘制高光纹理时尽量结合各个部分的纹理质感进行明度变化整体调整，结合模型进行整体调整，如图6-143所示。

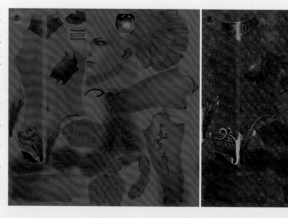

图6-143　身体高光纹理细节刻画效果

（17）再次给身体模型材质制作的法线纹理贴图，运用插件Craze Bump转换法线绘制贴图的技巧制作身体Bump（凹凸）纹理贴图。注意绘制凹凸法线纹理时尽量结合各个部分的凹凸纹理质感进行凹凸深度的变化进行整体调整，指定给模型材质通道进行整体渲染调整，如图6-144所示。

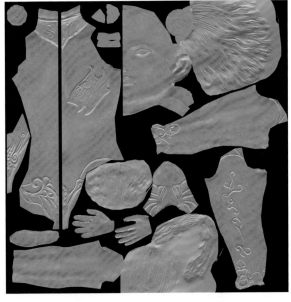

图6-144　法线纹理材质效果

2.身体装备纹理绘制

（1）选择摄魂者装备模型，打开编辑好的身体装备部分UVW结构线，运用UVW编辑技巧对装备的UVW进行细节的调整及排列。对编辑完成的身体装备UVW结构线进行渲染输出。对装备的UVW输出参数进行设置，如图6-145所示。

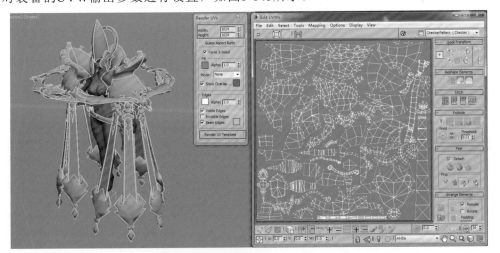

图6-145　摄魂者装备UVW输出设置

（2）结合头部灯光烘焙的流程对摄魂者装备进行明暗纹理烘焙。同时对装备的UVW结构线按照前面的提取思路进行提取，同时打开渲染输出的身体烘焙明暗纹理，放置到UVW结构线图层的下面，作为基础纹理底层，再次按住Ctrl+M键对烘焙纹理进行明暗关系的调整，同时把明暗纹理拖动到结构线下面作为基础纹理，如图6-146所示。

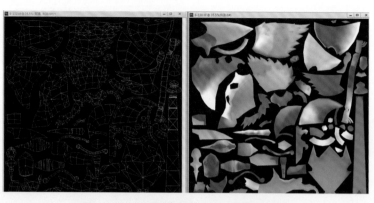

图6-146　装备渲染烘焙纹理调整效果

　　（3）激活身体装备图层的分层通道栏，在身体烘焙纹理层的上面新建图层，命名为"颜色"。单击工具条 ■ 前景色进行身体皮肤基础色彩的设置。结合头部色彩的整体变化，使用 ✐（吸笔）工具从头部吸取皮肤色彩作为身体的基础色彩。填充选定的皮肤色彩给"颜色"图层，与前面烘焙出来的身体装备明暗纹理进行图层的混合。设置装备纹理与明暗纹理的图层混合模式为"颜色"模式，如图6-147所示。

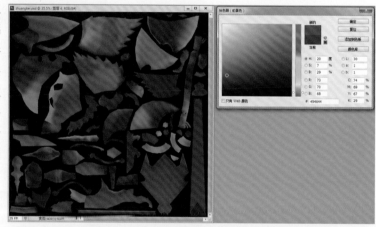

图6-147　身体装备基础色彩设置

　　（4）激活画笔工具，调整笔刷的大小及不透明度变化，运用不同的笔触对装备纹理进行逐层绘制，反复刻画身体装备过渡的色彩变化。同时结合3ds Max的身体装备模型显示效果进行细节的刻画，注意处理好身体装备亮部及暗部的色彩关系，如图6-148所示。

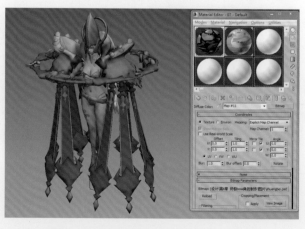

图6-148　身体装备整体纹理显示效果

（5）结合身体装备色彩绘制技巧，开始对装备亮部及暗部色彩纹理质感进行细节的绘制，首先对头饰纹理质感进行局部的刻画，注意头饰色彩的明度、纯度及色彩饱和度细节的调整，如图6-149所示。结合光源的变化对头饰亮部及暗部色彩关系进行细节的刻画。结合头饰模型的结构造型变化。对头饰金属及皮革纹理的质感按照制作流程进行精细的刻画。并结合灯光渲染进行纹理质感的细节调整，如图6-150所示。

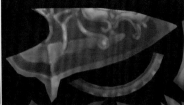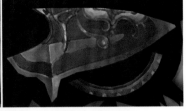

图6-149　头饰大体色彩纹理刻画效果

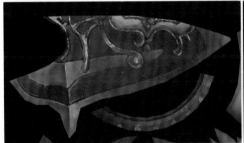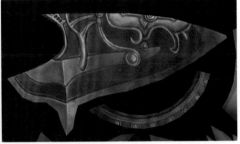

图6-150　头饰金属及皮革纹理细节刻画

（6）运用不同的笔触的对头饰纹理进行逐层的绘制，反复刻画头饰过渡的色彩变化。同时结合3ds Max的头饰模型显示效果进行细节的刻画，注意处理好头饰亮部及暗部的色彩关系，特别是把握好金属及皮革的材质质感的特殊表现，如图6-151所示。

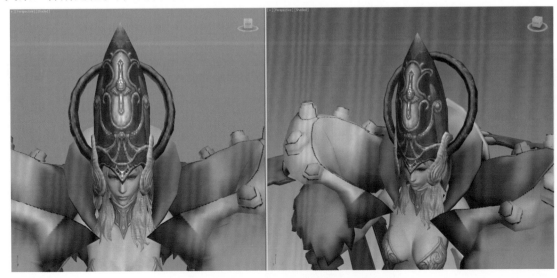

图6-151　头饰材质纹理质感显示效果

（7）根据摄魂者装备模型的结构及光源的变化，结合头饰材质的特点继续对背部披肩及围脖纹理的材质纹理进行细节刻画。注意运用不同的绘制技巧对披肩金属及皮革的材质进行整体调整，如图6-152所示。结合Photoshop制作材质纹理质感的技法运用笔触变化对摄魂者背部披肩及围脖材质的亮部及暗部色彩明度、纯度及色彩冷暖关系进行精细刻画。注意亮部及暗部色彩的虚实关系及层次的变化，如图6-153所示。

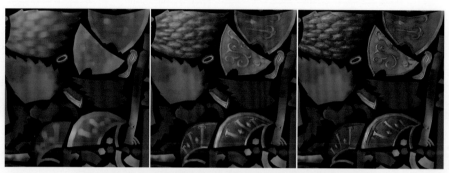

图6-152　背部披肩及围脖大体材质质感绘制效果

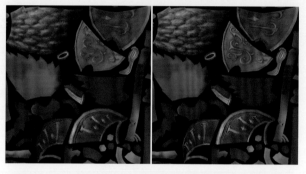

图6-153　背部披肩及围脖材质质感精细刻画效果

（8）调整笔刷的大小及不透明度变化，运用不同的笔触对披肩装备纹理进行逐层的绘制，反复刻画披肩纹理材质过渡的色彩变化。同时结合3ds Max的披肩及围脖模型显示效果进行细节的刻画，注意处理好亮部及暗部的色彩关系及虚实变化，如图6-154所示。

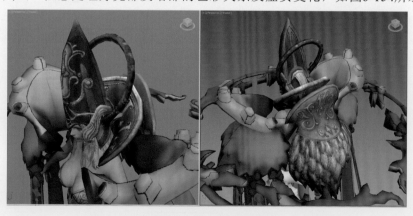

图6-154　背部披肩及围脖模型材质显示效果

（9）根据摄魂者披肩主体模型的结构及光源的变化，结合背面披肩纹理材质的特点进行材质的细节刻画。注意运用不同的绘制技巧对主体披肩金属及毛发的材质进行整体绘制，如图6-155所示。运用混合纹理材质的绘制方法，对摄魂者两侧披肩金属及毛发材质的亮部及暗部色彩明度、纯度及色彩冷暖关系进行精细刻画。同时给绘制的材质上面添加写实的污迹综合纹理，与披肩主体的纹理进行图层通道的混合，设置为"叠加"模式，如图6-156所示。

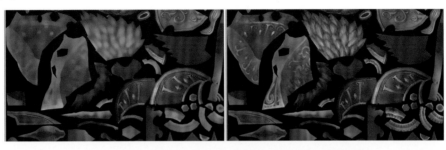

图6-155　披肩主体两侧金属及毛发纹理细节刻画

图6-156　披肩金属及毛发纹理质感整体调整

（10）把绘制好的披肩纹理指定给3ds Max的披肩模型，根据光源变化对衣袖亮部、暗部色彩的明度和纯度及色彩冷暖关系进行细节的刻画，与头饰、身体的色彩关根据光源关系进行统一调整，如图6-157所示。

图6-157　披肩模型金属、毛发纹理显示效果

第6章　终极Boss——摄魂者角色制作

299

（11）根据摄魂圈模型的结构及光源的变化，结合披肩金属材质的特点继续对摄魂圈金属纹理材质进行细节刻画。注意运用不同的绘制技巧对摄魂圈金属材质进行整体调整，如图6-158所示。结合Photoshop制作材质纹理质感的技法，调整笔刷大小及不透明度变化，对摄魂圈金属材质的亮部及暗部色彩明度、纯度及色彩冷暖关系进行精细刻画。注意亮部及暗部色彩的虚实关系及层次的变化，如图6-159所示。

图6-158　摄魂圈金属文件大体绘制效果

图6-159　摄魂圈金属材质精细刻画效果

（12）把绘制好的摄魂圈纹理指定给3ds Max的披肩模型，根据光源变化对摄魂圈亮部、暗部色彩的明度和纯度及色彩冷暖关系进行细节的刻画，与披肩、头饰金属的色彩根据光源关系进行统一调整，如图6-160所示。

图6-160　摄魂圈金属材质显示效果

（13）根据摄魂者装备模型的结构及光源变化，结合装备纹理材质的特点进行材质的细节刻画。注意运用不同的绘制技巧对装备金属、皮革及毛发的材质进行整体绘制及调整，如图6-161所示。运用混合纹理材质的绘制方法，对摄魂者装备整体金属、皮革毛发材质的亮部及暗部色彩明度、纯度及色彩冷暖关系进行精细刻画。给装备整体添加写实的污迹综合纹理，设置污迹图层与材质纹理图层通道为"叠加"模式进行混合，如图6-162所示。

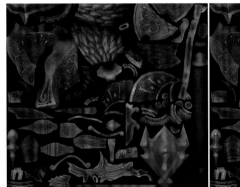

图6-161　装备材质质感细节刻画效果

图6-162　装备整体混合材质调整效果

（14）把绘制好的装备纹理指定给3ds Max的摄魂者模型，根据光源变化对噬魂圈亮部、暗部色彩的明度和纯度及色彩冷暖关系进行整体的刻画，与披肩、头饰金属的色彩根据光源关系进行统一调整，如图6-163所示。

图6-163　摄魂者装备模型材质显示效果

（15）激活Photoshop软件，进入PS的绘制窗口，打开武器UVW结构线，对结构线进行提取，对UV结构线选取进行填充，按住键盘上Ctrl+Delete键进行前景色的填充，得到底层和结构线分层PSD文件。同时打开前面烘焙的摄魂者头部、身体整体明暗纹理进行排列，并保存PSD为"武器"文件，如图6-164所示。

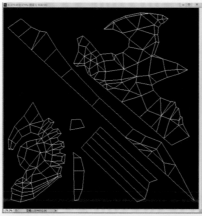
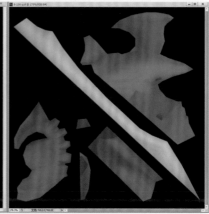

图6-164　武器结构线分层及烘焙纹理排列

（16）激活画笔工具，单击 ▨ 工具按钮，在弹出的窗口中对画笔的大小及笔头进行设置。在绘制武器纹理时注意调整笔刷的大小及不透明度，逐层刻画武器亮部及暗部过渡的色彩变化，如图6-165所示。

运用PS的色彩绘制技巧，对武器金属纹理及明暗纹理进行色彩明度、纯度、色彩饱和度细节的调整，同时在武器金属纹理上面添加污迹纹理，与绘制的金属纹理进行材质通道图层的混合，设置混合的图层模式为"叠加"，如图6-166所示。

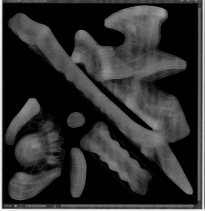

图6-165　武器纹理细节逐步刻画效果

图6-166　武器金属质感深入刻画效果

（17）把绘制好的武器纹理按照角色模型指定材质的流程指定武器模型，根据光源变化对摄魂武器亮部及暗部色彩的明度和纯度及色彩冷暖关系进行整体的刻画，特别对武器高光及破旧材质质感进行精细的刻画，如图6-167所示。

图6-167　武器金属质感模型材质显示效果

（18）在完成摄魂者角色身体、装备、武器各个部分纹理质感后，根据次世代角色制作的标准，需要对材质通道中Specular Color（高光）及Bump（凹凸）通道制作相应的纹理贴图。此部分高光贴图运用材质纹理进行明暗处理。分别给身体、装备及武器绘制高光通道的纹理贴图，如图6-168所示。

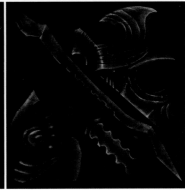

图6-168　摄魂者高光贴图纹理制作

（19）结合法线纹理转换插件对绘制的身体及武器的凹凸纹理进行转换，结合3d Max材质通道指定的规范要求进行材质显示及调整，注意根据摄魂者不同材质质感调整法线纹理的凹凸细节变化，如图6-169所示。

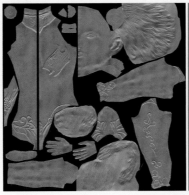

图6-169　法线贴图纹理细节调整效果

6.6 摄魂者模型材质整体调整

在完成摄魂者整体纹理贴图绘制后，把材质逐步指定给摄魂者换装模型的各个部分，结合灯光渲染检查各个连接部分出现的接缝位置的色彩关系，结合模型的UVW结构线与纹理进行统一调整。运用PS绘制纹理贴图的技巧及光影变化从不同的角度进行渲染，加强各个部分材质质感的表现。根据摄魂者设计特点进行渲染输出，如图6-170所示。结合引擎的输出应用，导出摄魂者模型材质文件并结合三维场景的材质效果进行整体融合，得到比较完整的三维角色与场景结合的画面效果，如图6-171所示。

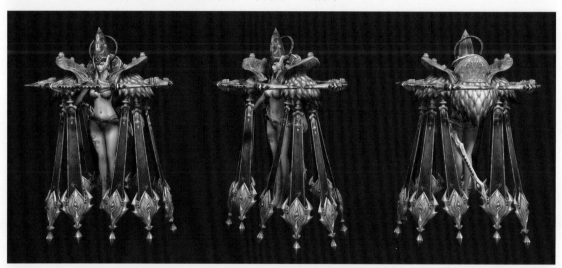

图6-170　摄魂者模型材质最终完成效果

图6-171　三维角色与场景整体画面效果

6.7 本章小结

在本章中，我们介绍了写实摄魂者的制作流程和规范，重点介绍写实摄魂者物件的模型结构、UVW编辑排列以及皮肤纹理色彩绘制的特点，并结合实例讲解了如何使用Max配合Photoshop制作次世代三维模型及绘制纹理贴图的技巧。

通过对本章内容的学习，读者应当对下列问题有明确的认识。

（1）掌握三维角色人体模型的制作原理和应用。

（2）了解摄魂者高级模型制作的整体思路。

（3）掌握角色模型灯光设置及渲染的技巧。

（4）掌握角色烘焙纹理材质的绘制流程和规范。

（5）重点掌握三维角色模型与高光、法线纹理材质显示设置。

6.8 本章练习

根据本章中摄魂者模型制作及材质纹理制作的技巧，从光盘提供的怪物原画中选择选择生物概念设定，按照本章制作流程规范完成模型制作、UVW编辑、灯光渲染烘焙及材质纹理的整体制作。